中国海洋大学教材建设基金资助

新泰地质教学实习指导书

李安龙　李玺瑶　杜同军　徐继尚
刘　勇　龙海燕　宫　伟　编著

中国海洋大学出版社
·青岛·

图书在版编目（CIP）数据

新泰地质教学实习指导书/李安龙等编著.— 青岛：
中国海洋大学出版社，2024.6
　　ISBN 978-7-5670-3867-7

　　Ⅰ.①新… Ⅱ.①李… Ⅲ.①地质学－新泰－高等学
校－教学参考资料 Ⅳ.① P5

　　中国国家版本馆 CIP 数据核字（2024）第 099333 号

XINTAI DIZHI JIAOXUE SHIXI ZHIDAOSHU
新泰地质教学实习指导书

出版发行	中国海洋大学出版社			
社　　址	青岛市香港东路 23 号	邮政编码	266071	
出 版 人	刘文菁			
网　　址	http://pub.ouc.edu.cn			
电子信箱	llin505@163.com			
责任编辑	邹伟真　刘　琳	电　　话	0532-85901092	
装帧设计	青岛汇英栋梁文化传媒有限公司			
印　　制	青岛名扬数码印刷有限责任公司			
版　　次	2024 年 6 月第 1 版			
印　　次	2024 年 6 月第 1 次印刷			
成品尺寸	170 mm × 230 mm			
印　　张	13.5			
字　　数	237 千			
印　　数	1—700			
定　　价	89.00 元			
审 图 号	GS 鲁（2024）0089 号			
订购电话	0532-82032573（传真）			

发现印装质量问题，请致电 0532-67766587，由印刷厂负责调换。

　　地质教学实习,是地学类相关专业高年级学生重要的实践性教学环节,涉及众多的基础地质知识、技能和方法,是大学阶段较系统的综合训练之一。其目的和任务是通过填制1:2.5万地质图,查明区内地层、岩石、构造以及各种地质体的特征,研究其形成环境、地质背景和演化等基础地质问题,为培养学生地学思维、地质技能和提升地质学专业素质打下坚实的基础。面对我们生产生活中遇到的与地质有关的问题,在地质教学实习中,要求参加实习的学生运用地质理论、方法和技术,深入大自然中进行野外调查、观测并搜集有用的地质信息,来解决这些问题。

　　新泰市实习区位于山东省中南部的新泰市和蒙阴县境内,水陆交通发达,依山傍水,气候宜人。该地区在大地构造位置上属于华北陆块鲁西隆起(Ⅱ)、鲁中隆起区(Ⅲ),区内太古界、古生界、中生界、新生界地层均有出露,地层发育齐全;又具有华北板块构造特点,地层与构造发育完好,出露清晰,地质现象丰富,适合进行地学类本科生认识和地质填图教学实习,已被多所高校开辟为认识实习和地质填图实习基地。

　　在中国海洋大学和学校海洋地球科学学院领导的决策及支持下,海洋地球科学学院于2020年8月组织部分教师考察了新泰市实习区的踏勘路线,收集了大量前人调查研究资料,包括山东省1:25万临沂幅建造构造图(I50C001003)1幅、实习区1:20万地质图1幅、山东省地质图1幅、山东省大地构造单元划分图1幅、山东省地质构造略图1幅、新泰市1:5万地质图1幅、新泰市构造纲要图1幅,并把这些资料在ArcGIS 10.2平台上进行了数字化处理,获得了实习区较为详细的数字地层分布、地质构造等资料,形成了实习需要的地质图件。在此基础上,实习队组织备课教师编写了《新泰地质教学实习指导书》。

本实习指导书根据中国海洋大学地质学专业本科教学大纲的要求编写,以教学目的为出发点,在编写过程中吸收了中国石油大学(华东)的部分教学研究成果,参阅了大量已发表的文章,其中地层部分以山东省地质矿产勘查开发局的最新地层资料为参考,地层年代划分与代号采用了最新确定并公布的成果;岩性描述和实习踏勘路线中利用了大量现场实习获得的典型图片,结合地质现象对实习内容进行了细化,并尝试将手机 GPS 工具箱、ArcGIS 等数字填图新技术应用到区域地质填图实习中,改革传统区域调查填图教学方法,建立一套适合新时代科技发展的地质学教学体系。全书内容以强化和训练学生的动手及综合思维能力为特点,希望通过阅读和实践,使学生基本掌握 1∶2.5 万区域地质调查的程序、内容和方法,同时形成一定的地学思维。

本书中,李安龙编写了绪言和数字地质填图应用,李玺瑶对野外实习路线进行了整理和编写,杜同军、徐继尚、龙海燕编写了实习区地层、沉积相与古地理环境演化,刘勇编写了矿产资源与旅游资源,宫伟编写了实习区地质构造。此外,李安龙编写了其余部分并承担全书的汇总、编纂和校阅。

研究生闫志超、袁琳和王盼盼等协助参与部分图件的制作,中国石油大学(华东)马玉新老师为本书的编写提供了部分讲课课件,在本书成稿之际,对他们表示感谢! 同时感谢两位盲审专家,是他们宝贵的修改建议,优化完善了本书内容。

由于实习队掌握的区域第一手资料有限,教材中不足和错误在所难免,希望在今后的野外实习和专题研究中不断补充和完善。

李安龙

2023 年 10 月

CONTENTS → → 目　录

第1章 绪言

内容提要 本章主要介绍地质教学实习目的与任务、实习内容、实习总体安排和要求以及实习的考核与评分标准等,并对新泰实习区情况进行简要介绍。

海洋地球科学学院地质学专业、地球科学与信息技术专业和勘查技术与工程专业的教学实习是一项重要的基础地质教学实践环节,是对学生进行地质工作基本知识、基本技能和基本方法的全面训练,涉及众多基础地质理论,如矿物学、岩石学、古生物学、地史学、构造地质学、地貌与第四纪地质学、矿床学。因此,它不仅是对课堂所学内容的简单印证,而且是一次具体的、较系统的教学过程,是对学生所学专业基础知识的一次大检阅,是一次多学科的综合性实习,同时也是一次地质调查工作方法的系统训练。

教学实习以地层、岩石、矿物、构造地质和普通地质为基础知识,通过地质踏勘、实测地质剖面以及进行 1:2.5 万地质填图来完成野外地质工作的基本训练。

本次教学实习的目的就是培养学生理论联系实际的能力,将书本的知识同野外各种地质现象相联系,提高学生收集、整理、综合地质资料以及分析和解决实际地质问题的能力,从而加深理解和巩固课堂所学理论知识。通过这次实习,要求学生熟悉区域地质调查工作的全过程,学习基本地质符号的使用(包括地质年代符号、岩石花纹及岩石组分符号、岩浆岩组分代号以及构造地质等),掌握采集标本、样品和绘制主要地质图件的技术,初步达到独立从事地质调查设计和野外调查研究的能力。同时,注意培养学生吃苦耐劳、艰苦奋斗的优良作风,辩证唯物主义的科学方法,实事求是、严谨的工作态度;热爱祖国、热爱社会主义、献身地学事业的崇高精神。

为了确保野外教学任务的顺利完成,现就实习目的、任务、要求及有关规定予以简述。

1.1 实习目的与任务

(1) 进行地质调查基本方法训练,要求熟练地掌握地质罗盘及有关地质工具的使用方法,包括地形图的使用。

(2) 了解地质调查最初阶段地质踏勘的工作内容和进行方式。熟悉实习区地层层序、岩性、化石、含矿性、厚度和接触关系,并能应用所学知识对实习区岩相、古地理环境和古气候进行初步分析。

(3) 掌握区内标准地层剖面选择的原则,掌握直线法、导线法实测地层剖面、剖面图的绘制、剖面图说明书的编写以及综合地层柱状图、实际材料图和地质图等主要图件的编制方法与绘图基本技能。

(4) 初步掌握布置地质观察路线的原则、地质观察点的选择及其工作内容和方法,要求练习制作路线地质剖面图、观察点素描图。

(5) 肉眼较熟练地鉴别实习区各种沉积岩(碎屑岩、黏土岩及生物和化学沉积岩)、侵入岩,并能掌握岩石(尤其是碎屑岩及侵入岩)手标本的描述。

(6) 认识实习区沉积岩层中的原生构造(波痕、斜层理、缝合线、虫迹等),并能应用这些原生构造解决有关地质问题。

(7) 掌握褶皱和断层等构造的野外研究方法和识别标志,认识实习区的构造特征,并能根据实习区褶皱和断裂的组合特征进行初步的几何学、运动学及动力学分析,追溯构造演化史。

(8) 掌握野外原始资料编录方法,学会画路线剖面图(或信手剖面图)、路线平面地质图和露头地质素描图。

(9) 掌握地质调查报告的编写内容、格式和要求。

(10) 实习结束以后,每人须提交:

① 区域地质调查报告 1 份;

② 实测地层剖面图 1 张;

③ 1∶2.5 万实际材料图 1 张;

④ 1∶2.5 万地形地质图(附综合地层柱状图)1 张;

⑤ 1∶2.5 万构造地质图(或构造纲要图)1 张;

⑥1:2.5万电子综合图件1份；

⑦野外各种电子记录和表格1份。

1.2 实习准备

1. 出发前的准备工作

（1）出发前实习队和每位同学必须准备好野外实习的装备。个人装备和实习队装备见表1-1。

表1-1 新泰野外教学实习装备一览表

个人装备		实习队装备		
地质锤	草帽	野外记录本	实习指导书	测绳(50 m)
罗盘	地质包	地形图	GPS	订书机
放大镜	工作服	计算纸	实测剖面记录表	胶水
三角尺	水壶	透明纸	实习报告本	标本签
量角器	2H铅笔	厚度换算表	工作日志	标本袋
橡皮	铅笔刀			
登山鞋	笔记本电脑			

（2）召开实习动员大会，明确实习目的、任务、要求，宣布实习纪律及注意事项。

（3）认真阅读《新泰地质教学实习指导书》，了解本次实习的目的、任务，并尽可能收集前人资料和文献，以便熟悉实习区的基本地质特征。为更详细地理解野外所见，还需要携带地质专业课本以备查阅。

2. 到达实习基地后的准备工作

（1）各班按照学生的学习和身体状况分编实习小组，每小组5～6人，选出组长以负责小组工作：检查并分发野外实习用品，督促完成实习期间的各项任务。

（2）介绍实习区地质概况，明确野外踏勘的目的、要求和注意事项。

（3）阅读和熟悉实习区地形图，校正罗盘，了解实习区的基本地貌特征和地物名称、位置。

3.主要准备工作

主要准备工作应在实习队队长的领导下进行,包括以下几方面。

（1）教学实习队的组成、教学实习内容及大纲的讨论,制订教学实习工作计划。

（2）教学实习教师备课资料准备:地区地质资料、地质图、地形图、有关参考书。实习队集体用的资料由教师提出计划后到资料室、图书馆等单位借用。教师个人所需资料由教师个人办理借用。

（3）学生用的有关资料应由实习队根据需要提出具体计划清单,报学院审议后通知学生各班级办理借用手续。

（4）与实习有关的文件、通知、保安保密条例,在实习前事先组织集体学习,以便争取时间,有效地进行野外工作。

1.3 时间安排

根据学校教学计划,实习安排在夏季学期进行,内容包括室内工作、野外踏勘、实测剖面、地质填图、室内资料整理,大体安排如下。

（1）野外作业开始前,一般在学校内或者到达驻地的当天晚上讲授实习区地层系统、地质概况及区域地质构造背景、地质路线踏勘目的、方法和要求。对于教师的讲解,学生要认真复习（4学时）。

（2）地质踏勘阶段:对于地信与勘工专业,安排7条踏勘路线,用时7天;对于地质专业,安排10条踏勘路线,用时10天。早晨出发,当天踏勘任务结束后返回驻地。对学生来说,这一阶段是一个开头,教师一定要按照地质工作的程序规定向学生提出明确的具体要求,以便较好地引导学生进行踏勘。踏勘结束后,按时完成踏勘阶段的资料整理工作。

地质路线踏勘之后,实习队作前阶段小结,回顾实习区地层层序、每层地层主要的岩性特征;然后讲授下一阶段的任务,即实测剖面的目的、方法、要求,讲授剖面图和综合柱状图的制作规范。学生依据教师讲授内容在驻地空地上进行训练（1天）。

（3）实测地质剖面阶段:各个实习小组根据选择的剖面进行工作。3个专业训练都选择 2 条剖面，每条实测剖面 200～300 m，可以是一个完整剖面，也可以是几个短剖面。剖面的长度和厚度自选比例尺，并现场完成剖面图和综合地层柱状图的制作，回驻地进行数据整理。野外实测工作由小组完成，数据整理由个人完成。实测剖面效果检查由教师、学生以及实习队领导共同做鉴定，不合格的应重测补做(2 天)。

实测地质剖面后，实习队作前阶段小结；讲授下一阶段的任务，即 1∶2.5 万地质填图规范、方法和要求(1 天)。

(4) 地质填图阶段：在实习区内开展地质填图工作，根据天气状况安排 4～5 个填图区块(10 km² 以上)。天气良好可安排 5 个区块，天气较差则合并填图区块。野外工作要求共同完成，室内由个人单独成图。在此期间择机进行课程思政和劳动教育(5～6 天)。

每个班级视学生人数多少可分成 n 个填图组(每组 5～6 人)，每个填图组实际填绘地质图约 10 km² 为宜(接图部分在内)，每个填图组完成 1∶2.5 万地质图一份，地质填图工作严格按照国家 1∶2.5 万地质填图规范进行。

地质填图是一项综合的基本训练。地质记录、地质素描、样品标本采集都要严格按规范做，教师要加强检查，并指导学生练习路线地质图绘制。

地质填图最终成果为每个学生制作出一份地质图、一份实际资料图，教师对成果要考核记分。

(5) 室内讲课与野外考核。地质填图结束后，实习队作前阶段小结，并重点讲授地质报告的编写内容和要求、实习区地质发展史等，要求同学们在规定的时间内按时完成各类图件的制作、清绘和地质报告的编写工作，提交带队教师审核。回校前一天进行野外考核(2 天)。

(6) 室内最终综合整理和编写报告(回学校完成)(7 天)。

地质报告编写要求：

① 学生每人交一份地质图、一份实际资料图、剖面图、综合柱状图以及一份地质报告；

② 野外实习结束后，在各个实习小组总结讨论的基础上，实习队作大会总结。

1.4 组织实施

实习队实行队长负责制,带队教师抓好所带小组野外实习的各个教学环节,认真落实全队的实习纪律和安全措施,重大问题由实习队集体讨论决定。实习过程要求如下。

1. 抓好各个实习环节的教学

要在提高学生识别地质现象和实际动手操作能力方面下大工夫,如岩性特征、结构构造、生物化石、沉积环境、断层性质、地层间接触关系等的识别与描述,使学生掌握地质素描图、信手剖面图、实测剖面图、综合地层柱状图的制作以及进行地质填图、数字成图等。实习期间,在每天踏勘结束后,以小组为单位讨论,自觉整理野外记录,并以班级为单位,安排人员汇报工作内容和讨论结果。

2. 实习期间严格组织纪律

实习期间应自觉学习个人防护知识,备好相关证件及个人防护用品。按照学校部署要求,落实相关制度,班级负责人配合队长做好班级管理。严禁在江河湖泊或水库游泳、洗澡,违者实习成绩记零分,并送回学校严肃处理。严禁打架斗殴、酗酒闹事、夜不归宿,违者由实习队给予纪律处分。野外工作无故缺勤者,每次扣 5 分,3 次以上记零分。野外工作中要相互关照,提高警惕,防患于未然;严防因开矿爆破、滚石等可能酿成的伤害。

3. 认真做好实习总结

实习结束后,实习队各组(班)进行认真讨论,由实习队队长向全体师生作出总结。其内容包括本次实习计划完成情况,是否达到了教学大纲的要求和预期目的;主要经验是什么;有何新发现和新进展;哪些方面尚未完成,原因何在,主要教训是什么;实习期间值得表扬的好人好事;等等。

4. 地质报告编写阶段

地质报告编写阶段,是培养学生提出问题、综合分析、归纳总结能力的过程。在此阶段,指导教师应加强指导。学生除做好报告编写工作外,还要写好政治思想总结。

1.5　成绩考核

通过实习,每个学生都要达到教学大纲的基本要求,但是由于个人努力程度的不同,实习的效果是有差别的,少数学生可能因个人不努力导致实习收获较差,达不到实习大纲的基本要求。因此,学校和教师对整个实习过程应严格要求,并作具体的考核,结合实习报告,确定本次实习的成绩。

成绩考核和记分由各班指导教师负责,实习队队长审核、签字,报学院注册。

各阶段考核成绩比例分配如下。

(1)野外表现及遵守纪律占 20%,主要根据以下几方面评定。

① 整个实习期间(包括野外实习和室内整理阶段)能否遵守实习队的各项纪律规定。

② 对本次野外实习的态度,能否做到不怕苦、不怕累、勤奋好学。

③ 是否具备较强的发现问题、思考问题和解决问题的能力。

(2)使用地质罗盘、地形图等工具的熟练程度,对地质路线踏勘内容的掌握情况,成绩占总分的 10%。教师平时要适当布置作业,在实践中提问学生,到阶段小结时出题考试。

(3)实测地质剖面图成绩占 15%。野外实测工作中积累标本、资料、数据的可靠程度,成绩占 5%。室内实测剖面的整理、计算,剖面图的绘制以及说明书的编写,成绩占 10%。

(4)根据观察线、观察点、地质点进行地质填图的准确度,成绩占 15%,从收集资料的多少、记录、描述以及图件美观度等多方面考核。

(5)地质测量基本图件的绘制,包括综合柱状图、地质图、构造纲要图、实际资料图等,成绩占 10%(剖面图考核比分不计在内)。

以上各项考核成绩,占全部教学实习总分的 70%,目的在于强调基本训练。

(6)教学实习地质报告的编写占考核成绩的 30%。考核依据应着重于报告内容的完整性、正确性以及资料的可靠性,美观、整洁也应占有重要的比例。

新泰地质教学实习的各类评分细则见表 1-2。

表 1-2　新泰地质教学实习评分表

姓名	野外表现（40分）				图件（30分）						实习报告	总分
	出队表现与室内资料整理	野外记录	填图	考核	实测剖面	柱状图	填图路线图	电子地质图	构造纲要图	纸质地质图		
	20分	5分	5分	10分	5分	5分	2分	5分	5分	8分	30分	100分

（7）用百分制记分，并折算成优（≥ 90 分）、良（80 ～ 89 分）、中（70 ～ 79 分）、及格（60 ～ 69 分）和不及格（< 60 分）5 个等级，不及格者不能毕业。重复参加实习（重修）者，所有实习费用（包括重修费、个人食宿费、交通费、讲义费、备品费等）自理。

1.6　新泰实习区简介

1. 新泰实习基地的建立

学校长期在安徽巢湖、辽宁兴城地区进行综合地质教学实习，积累了十分丰富的地质资料和教学科研成果，形成了一套较为系统的教学方法，培养了一批又一批高级地质专业人才，作出了十分重要的贡献。在学校及学院领导的决策和支持下，海洋地球科学校院于 2020 年 8 月组织部分教师考察了新泰市实习区的踏勘路线，收集了大量前人调查研究的资料，着手编写新泰地区实习教材和有关图件，组织编写《新泰地质教学实习指导书》。经过 3 年的实习经验积累和带队教师的辛勤劳动，对新泰实习区地质概况获得了较为全面的认识，实习资料较为齐全、实习路线明确，学生住宿有了固定的场所，学院决定建立新泰实习基地。

2. 新泰地区自然地理概况

新泰市位于山东省中部，地处北纬 35°37′ ～ 36°07′、东经 117°16′ ～ 118°00′，地形以丘陵为主，占地表面积的 56.2%，山地、平原面积分别占 15.9% 和 28%，辖区总面积 1 946 km²。东接临沂，南临孔子故里曲阜，北与济南市钢城区、莱芜区相连，西靠泰安市辖区，距省会济南市中心 133.8 km（图 1-1）。

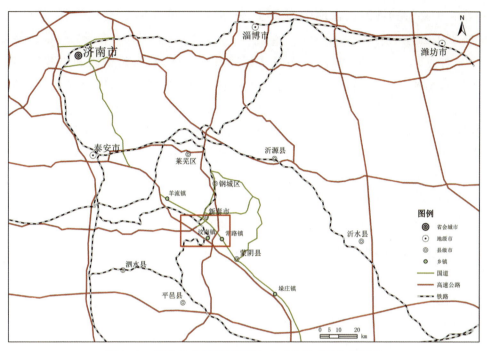

图 1-1　新泰市交通位置图（红色方框为实习区位置）

　　新泰市地处泰沂山脉中段。境内北部高山凸起，东部（平阳河东）、南部（黄山以南）山岭绵亘起伏，唯中部（偏北）、西部为河洼平原。新泰市地形状若坐东向西的簸箕，海拔 250 m 左右。柴汶河横贯东西，把全市分为南、北山丘与中间平原三个部分。境内北部山脉属泰山支脉，以莲花山为主体；东部（渭水河以东）、中部、南部为蒙山余脉；中部以黄山为主体；南部以白马山为主体。上述山体均呈东西走向，是新泰市的主要山体。此外，境内西北有徂徕山伸入，境内东南有太平山兀立。北、东部山体主要是火成岩，少数山头如韩崮顶、转山子、见子山、榆山顶为沉积岩。青云山以南的山体皆为沉积岩。低山外围是各类岩石经过长期剥蚀、切割的丘陵，海拔高度为 250 ～ 350 m。

　　新汶盆地是鲁西南一个小型陆相盆地，位于山东省新泰市境内，在大地构造上称为新汶单断坳陷，形态上为一箕状的不对称向斜盆地，基底为太古界的变质岩，南界为刘杜、南流泉、马头庄、盘车沟一线，北界位于榆山、西西周水库一线，西至碗窑头，东到东住佛，近北西走向，长约 30 km，最宽处达 17.5 km，面积为 400 km^2。盆地边缘为山区，南部为蒙山凸起，北部为新甫山凸起，海拔高度为 300 ～ 500 m，北高南低，东窄西宽，中部地势较低，小汶河横贯东西。磁

（窑）—莱（芜）铁路由盆地中部通过，公路成网，四通八达，交通便利（陈世悦等，2002）。

实习区内三大岩类齐全，多条实习路线可见变质岩、沉积岩和岩浆岩，各类岩石结构和构造特征明显，易于鉴定；地质构造样式多样，既有区域性褶皱和断层，也有局部小型褶皱和断层，便于训练学生的空间思维与想象力；河流、丘陵、山地地表地质现象丰富，便于认识现代地质作用，实现"将今论古"；结晶基底和沉积盖层区分明显，地层出露较为集中，便于进行地质填图。

该区属北温带半干旱大陆性气候，四季分明，年平均气温 12.5 ℃，年平均降水 680 mm，7—8 月份为雨季。

实习区工业较为发达，铁路以北以煤炭工业为主，铁路以南以农业为主。

3. 区域地质调查简史

早在中华人民共和国成立以前，该区的地质矿产调查工作就已经开始。不过，当时的调查工作多集中在铁路沿线和某些矿区及名胜古迹等地。其工作范围虽然局限，所获资料也较少，但专题研究成果却具有较高的参考价值。例如，谭锡畴（1922—1923）调查了淄博，章丘，新泰、蒙阴、费县一带的老第三系和莱阳一带的中生界及淄川博山煤田，发表了《山东中生代及旧第三纪地层》及《山东淄川、博山煤田地质》；杨钟健、张席禔、卞美年共同创建了"宫庄系""王氏系""莱阳层"及"蒙阴系"等；孙云铸在泰安大汶口至长清炒米店一带，对寒武纪地层及动物化石进行了研究，并于 1924 年出版了《中国北部寒武纪动物化石》专著；赵亚曾（1926）对章丘盆地石炭系进行了研究，著有《山东章丘煤田中之海成层》；杨钟健（1936）对山东昌乐一带新生代地层古生物进行了详细研究，著有《昌乐临朐新生代地质》。1962—1963 年，地质部地质研究所程裕淇、沈其韩、王泽九等同山东省地质局 805 队郑良崤等合作，研究了新泰雁翎关一带的泰山群，肯定了雁翎关组和山草峪组的存在，并有许多新的发现，1982 年出版了《山东太古代雁翎关组变质火山-沉积岩》专著；1962—1965 年，山东省地质局 805 队在测制 1:5 万泰安县幅地质图时，较详细地研究了这一地区的混合岩化特征，提出了泰山群有两期混合岩化作用的意见。1986—1990 年，山东区调队王世进等进行 1:20 万"泰安、新泰幅"修测工作。1995 年，山东省地矿局曹国权发表了《鲁西山区早前寒武纪地壳演化再探讨》。1993—1996 年，地质矿产部地质研究所、山东第一地质矿产勘查院进行泰安市幅 1:5 万区域地质调查(郭振一,1988)。1994 年,张增奇等人在《山东寒武纪-早奥陶纪岩石地层清理意见》一文中创名长清群。这些著述影响深远,对今日的地层划分对比仍具重要意义。

思考题

（1）地质填图实习的目的是什么？

（2）通过地质填图实习可以完成哪些任务？

（3）本次实习过程是如何安排的？

（4）本次实习成绩由几部分组成？学生通过实习应达到什么目标？

（5）新泰地区有什么特征可开辟为实习基地？

第2章 实习区域地质概况

内容提要 本章主要介绍实习区地层层序、出露岩石的类型、分布和特征以及野外鉴定方法。此外,也介绍了与地层和地质构造有关的水文、地貌现象及地质灾害。

2.1 实习区地层

实习区地层属于华北型,除缺失中上奥陶统、志留系、泥盆系、下石炭统、三叠系外,其他时代地层发育较好,出露较全,各地层单位划分标志清楚,化石较丰富,地层特征具有一定的代表性(关绍曾,1997;李庆平等,2005;李守军等,1998,2010;张增奇等,2014)。全区范围内出露的地层有太古界、下古生界寒武系和中下奥陶统,上古生界中上石炭统和二叠系,中生界侏罗系、白垩系以及新生界第四系(马在平等,2008)(表2-1,图2-2)。现自老而新分述如下。

地层岩性及分布特征见表2-1。表中,实习区出露的地层划分和地层代号参照2013年11月在第四届全国地层会议上全国地层委员会重新修订提出的山东省地层划分对比方案。朱砂洞组上灰岩段至石盒子组之间各组、段厚度划定据山东省地质矿产局第九地质队(1993),丁家庄白云岩段、三台组至八亩地组之间各组、段厚度划定据山东省第七地质矿产勘查院(1998)。

表 2-1　新泰实习区地层特征简表

年代地层			岩石地层			地层厚度（m）	地层岩性及分布
界	系	统	群	组	段		
新生界	第四系Q	全新统Q₄		沂河组 Qhy		<2	呈带状分布于柴汶河及其支流现代河床及漫滩，岩性为灰黄色粉砂、砾石。
				临沂组 Qhl	山前组 Qs⁵	1.5～6	广泛分布于柴汶河及其支流两岸，岩性为黄色黏质砂土，含砾黏土。
		更新统Q₃		黑土湖组 Qhh		<1	分布于羊流镇东王庄—杨家牌一线南部地段，岩性为灰褐色，土黑色含砂—砂质黏土，含少量细粒铁锰质结核，覆于大站组之上。
				大站组 Qpd		3～10	分布于羊流镇东王庄—东官庄北部山前地段，岩性为黄褐色含砾砂层。
				羊栏河组 Qpy		<2	呈面状分布于陈峪、公岭庄—南寨、公岭庄—凤凰泉一线，葛沟河—杨家注一线，山后村北部，东赵家庄一线，岩性为灰黄色含砾粉砂、黏土。
	新近系N	始新统E₂	官庄群 K₂-EG	朱家沟组	E₂ẑ	1 012	灰褐、灰红色灰质砾岩，夹少量紫红色砂岩、泥岩。砾石成分以古生代灰岩为主，粗砾岩和细砾岩均可见到。
	古近系E	古新统E₁		常路组	K₂c¹	828	红色砂岩、泥岩、砾岩及杂色砂泥岩，分上、下两段。上段：黄褐、灰白、深灰色长石石英细砂岩，砂质泥岩，炭质泥岩，夹泥质砂岩，厚 563 m。下段：紫红色砾岩、细砂岩、砂质泥岩，厚 265 m。
中生界	白垩系K	上统K₂		固城组	K₂g	90～219	灰色巨厚层石灰质砾岩夹粗砂岩。

续表

年代地层			岩石地层			地层厚度（m）	地层岩性及分布
界	系	统	群	组	段		
中生界	白垩系 K	下统 K_1	青山群 K_1Q	八亩地组	K_1b	730	中—基性火山岩系，可见灰红、灰绿色安山质角砾集块岩，集块角砾岩，辉石安山岩夹玄武岩、凝灰岩和安山玢岩。
				马连坡组	K_1m	307	灰绿、灰黄、灰白色砂岩、粉砂岩、砂质泥岩及少量砾岩，可分为三段。上段：灰白色膨润土化含砾岩屑砂岩，灰绿色岩屑粗砂岩夹灰红色砂质泥岩，厚约119 m。中段：灰绿、灰黄色薄层泥质粉砂岩，夹岩屑中细砂岩，厚约103 m。下段：灰绿、灰黄色岩屑粗砂岩，含砂球岩屑细砂岩，泥质粉砂岩，厚约86 m。
			莱阳群 K_1L	城山后组	$K_1\hat{c}$	333	灰黄、灰绿、灰紫色粗砂岩、细砂岩、安山质火山岩，含凝灰质砂岩，砂岩，分上、下两段。上段：灰紫色安山质角砾凝灰岩，夹角砾凝灰岩，厚113 m。下段：黄灰、灰绿色岩屑中粗砂岩、细砂岩，底层为黄灰色安山凝灰砂砾岩，砂岩，厚220 m。
				水南组	$K_1\hat{s}$	771	灰黄、灰黑、黄灰绿色泥质粉砂岩细砂岩，夹含砾粗砂岩，粉砂南泥岩页岩。湖泊相沉积。
				止凤庄组	$K_1\hat{z}$	22	以灰黄、黄绿色砂砾岩为主，夹砂岩，含砾砂岩，粉砂岩，页岩。山麓洪积相和河流相沉积。
	侏罗系 J	上统 J_3 中统 J_2	淄博群 J_2-K_1Z	三台组	J_3K_1s	234	以紫红色为主，夹灰绿，黄白等色的砂岩，有时夹有较多的砾岩。该区主要岩性为紫红色砂岩砾岩，砂岩，黄白、灰绿色砂岩，夹粉砂岩和页岩，底部一般发育砾岩。
		下统 J_1		坊子组	J_1f	130～190	分布于汶南镇东南，岩性以灰色砂岩、页岩为主，夹碳质页岩或煤线。实习区不发育。
	三叠系 T						

续表

年代地层			岩石地层			地层厚度 (m)	地层岩性及分布
界	系	统	群	组	段		
	二叠系 P	上统 P₂	石盒子群 P₂₋₃Ŝ	万山组	P₂w	9	黄绿、灰绿色泥岩、页岩，有砂岩夹层。
		下统 P₁		黑山组	P₂h	44	以中粒砂岩、细砂岩，粉砂岩、泥岩为主，偶夹薄层煤。
			月门沟群 C₂-P₁Y	山西组	P₁₋₂ŝ	79	灰色、深灰色泥岩，砂质页岩，黄绿色至灰绿色砂岩，夹煤层。
	石炭系 C	上统 C₂		太原组	C₂P₁t	167	灰色、灰黑色、灰黄色泥岩、粉砂岩、页岩 夹砂岩、灰岩和煤层，海陆交互相，含煤沉积层组成的多个旋回层。该组以灰岩为主要特征，底层以首次出现灰岩稳定分布的灰岩（草埠沟灰岩）底面为界，与下伏本溪组呈整合接触。
				本溪组	C₂b	29	为一套碎屑岩，下部为紫红色铁质泥岩，页岩，青灰—灰白色铝土质泥岩，铝土岩；上部为浅灰色石英砂岩，砂页岩。
古生界	泥盆系-志留系 D-S						（即湖田段）
	奥陶系 O	上中统 O₂₋₃	马家沟群 O₂₋₃M	八陡组	O₂₋₃b	83	深灰色中厚层灰岩、云斑灰岩。偶夹薄层灰岩。
				阁庄组	O₂g	120	黄灰色中薄层微晶、粉晶、泥晶白云岩，局部夹角砾状白云岩。
				五阳山组	O₂w	315	灰色中厚层泥质灰岩、白云质灰岩、云斑灰岩、含燧石结核灰岩。
				土峪组	O₂t	60	以灰黄色、紫灰色中薄层微晶白云岩为主，夹黄绿色中薄层泥晶白云岩、藻纹层微晶白云岩。青溶发育，层面见鸟眼构造和泥裂，还有石盐假晶。
		下统 O₁		北庵庄组	O₂b	201	灰—深灰色中薄层微晶灰岩、厚层云斑灰岩，上部夹薄层云斑灰岩。灰岩质纯，已被开采。
				东黄山组	O₂d	32	黄绿色中薄层泥质微晶白云岩、土黄色角砾状泥晶白云岩，夹微晶灰岩。
古生界	寒武系 ∈	上统 ∈₃	九龙群 ∈₃-O₁J	三山子组	∈₄O₁s	117	为一套白云岩组合，主要浅紫灰色中厚层含叠层石结核和条带细晶微晶白云岩、黄绿色中厚层竹叶状叶片状细晶白云岩、浅褐灰色中厚层，分为三段：含燧石 a 段 O_1s^a：灰色、暗灰色中层状微晶白云岩，厚 50 m；纹层状细晶 b 段 O_1s^b：浅褐色中厚层小竹叶状细晶白云岩，厚 48 m；中厚黄灰色浅紫灰色藻纹层状微晶白云岩、浅紫灰色中薄层含微晶白云质含泥质细晶白云岩 c 段 $∈_4s^c$：紫灰色中薄层细晶白云岩，厚 19 m。灰岩顶部为叠石白云岩。

续表

年代地层			岩石地层			地层厚度(m)	地层岩性及分布
界	系	统	群	组	段		
古生界	寒武系∈	上统∈$_{3-4}$	九龙群∈$_3$-O,J	炒米店组	∈$_4$O$_1$č	212	灰色中厚层微晶灰岩、含生物碎屑灰岩、鲕粒灰岩、紫灰色中薄层竹叶状灰岩以及灰白色厚层叠层石藻礁灰岩等。竹叶状砾屑如手指大小,具紫红色氧化圈。
				崮山组	∈$_{3-4}$g	178	以灰色薄层条状(疙瘩状)泥纹灰岩、黄绿(夹紫红)色页岩、灰色竹叶状灰岩互层为主,夹灰色薄层板状灰岩、砂屑灰岩,偶夹薄层鲕粒灰岩、海绿石生物碎屑灰岩。底层以薄层砾屑灰岩夹灰页岩出现为界。
		上统∈$_3$		张夏组	∈$_3$ž	120	以灰色、深灰色厚层鲕粒灰岩和藻灰岩为主,夹黄绿色钙质页岩,分为三段: 上灰岩段∈$_3$ž^c:灰色厚层生物碎屑藻丘灰岩,厚28 m; 盘车沟段∈$_3$ž^p:黄绿色页岩夹薄层泥晶灰岩,厚45 m; 下灰岩段∈$_3$ž^t:深灰色厚层鲕粒灰岩、云斑灰岩夹生物碎屑灰岩,厚47 m。
		中统∈$_2$	长清群∈$_{2-3}$Č	馒头组	∈$_{2-3}$m	270	以紫(带)红色页岩为主,夹云泥岩、白云岩、白云色,绿灰色薄层灰岩,分为四个段: 上页岩段∈$_3$m^h:暗紫色、褐灰色,灰色、黄绿色含云母粉砂岩,砂质页岩(该段该区不发育); 洪河段∈$_3$m^h:暗紫色含白云母细砂岩,厚42 m; 粒岩云母粉砂岩合云母粉砂岩夹薄层板状微晶、泥晶灰岩及生物碎屑灰岩,厚104 m; 下页岩段∈$_{2-3}$m^t:灰褐色、暗绿色含云母粉砂岩、砂质页岩泥岩、泥晶灰岩夹生物碎屑灰岩等,厚124 m。 石店段∈$_2$m^č:灰色薄层微晶、泥晶灰岩与紫红色页岩互层,厚124 m;
				朱砂洞组	∈$_2$ž	73	灰色、灰黑色厚层微晶、泥晶灰岩和白云岩,含砾屑灰岩条带和藻纹层灰岩,局部为紫红色砂质页岩和粉砂岩,分为三段:该区仅见上灰岩段:灰色含泥质砂岩、砂质白云岩、石灰质页岩、含砾石英岩和变质砾岩等,底部为灰白色泥晶白云岩。
元古界 上太古界			泰山岩群 Ar$_3$T				新太古代变质岩系,岩石以斜长角闪岩、黑云变粒岩为主,夹角闪粒变岩、透闪阳起片岩、石榴石英岩和变质砾岩等。实习区可见中粗粒黑云斜长片麻岩、粗粒斜长混合花岗岩等。

2.1.1　太古界

太古界泰山岩群（Ar₃T）为实习区最古老的地层，主要出露于南部蒙山凸起及北部新甫山凸起之上（图2-1），北西或近东西向的长条或不规则状包体分散地残留于新太古代或古元古代花岗质片麻岩内，未见与下伏沂水岩群关系。岩石组合以黑云斜长片麻岩（图2-2a）、斜长角闪岩（图2-2b）、黑云变粒岩（图2-2a，d）为主，夹角闪变粒岩、透闪阳起片岩、石榴石英岩和变质砾岩等，底部以石榴石英岩为主，各地岩性及厚度变化较大，总厚 1 466～8 677 m（程裕淇等，1964）。自下而上划为四个组：孟家屯岩组（Ar₃m）、雁翎关组（Ar₃y）、山草峪组（Ar₃ŝ）、柳杭组（Ar₃l）。除孟家屯岩组与上、下地层关系未见外，其他三组为整合关系。原岩底部为成熟度低的碎屑岩建造，其变质程度达低角闪岩相。因被后期岩浆侵入体包围，孟家屯岩组与上覆雁翎关组之间的接触关系不明；下部雁翎关组为超基性—基性火山—火山碎屑沉积—局部硅铁建造；中部山草峪组为碎屑沉积含铁建造；上部柳杭组为中基性火山—火山碎屑沉积建造，变质程度达角闪岩相。据同位素年龄测定，泰山岩群形成于 25 亿年前的新太古代。岩石经受多次构造运动影响，已强烈褶皱变质，构成实习区的基底。

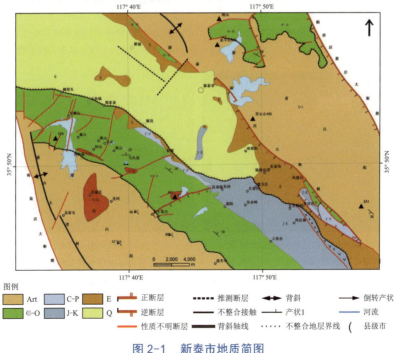

图 2-1　新泰市地质简图

a. 雁翎关村北泰山岩群雁翎关组角闪黑云　　　　　b. 东天井峪南 27.4 亿年的石英闪长质片麻岩侵入
　变粒岩（形成年龄 27.47 亿年）　　　　　　　　　　泰山岩群雁翎关组下部斜长角闪岩

c. 孟家屯村西 27 亿年的英云闪长质片　　　　　　d. 二涝峪泰山岩群山草峪组黑云变粒岩保存
　麻岩侵入泰山岩群孟家屯岩组石榴石石英岩　　　　粒序层理（最年轻的碎屑锆石形成年龄为
　　　　　　　　　　　　　　　　　　　　　　　　　25.44 亿年，属于新太古代晚期）

e. 泰安市西南峪泰山岩群柳杭岩组含砾黑云　　　　f. 兰陵县鲁城南泰山岩群山草峪组黑云
　变粒岩最年轻的碎屑锆石（25.24 亿年）　　　　　变粒岩夹磁铁石英岩（变质铁矿层）

图 2-2　新泰市太古界泰山岩群典型岩性照片

　　泰山岩群之上为下古生界的海相沉积岩，两者之间为区域性角度不整合接触。

2.1.2　下古生界

实习区下古生界包括寒武系和奥陶系。寒武系发育较全,奥陶系只发育下统和中统,奥陶系上统和志留系缺失。寒武系和奥陶系的分布基本一致。寒武系下部多为碎屑岩,中上部碳酸盐岩发育,特别是泥质条带灰岩、鲕粒灰岩、竹叶状灰岩及叠层灰岩等发育。下奥陶统三山子组以白云岩类为主,中奥陶统东黄山组、土峪组和阁庄组以泥粉晶白云岩为主;中奥陶统北庵庄组、五阳山组和中上奥陶统八陡段以中厚层至块状泥晶灰岩为主(张增奇等,2011)。寒武系、奥陶系总厚约 1 500 m。由于中生代的岩浆活动,这一套以碳酸盐岩为主的地层或多或少被侵入岩岩体和脉岩穿切。

1. 寒武系(∈)

寒武系集中分布于实习区的中部,呈北西—南东向展布,倾向北东(图2-1);共划分为长清群($∈_{2-3}\hat{C}$)、九龙群($∈_3$-O_1J)两个群,包含 6 个组。

长清群($∈_{2-3}\hat{C}$)分布广泛,处于寒武系下部,不整合或平行不整合于下伏前寒武系地层之上,由东向西超覆于前寒武纪变质基底之上,其上与九龙群为整合接触。其岩性为一套以砖红色、紫色页岩和泥岩为主,灰岩、白云岩为辅,底部常有砾岩、含砾砂岩,顶部有砂岩、粉砂岩等海相沉积的岩石组合,产丰富三叶虫化石。依其岩石组合特征由下而上划分为李官组、朱砂洞组及馒头组,属陆表海碎屑岩—碳酸盐岩沉积建造。该群在潍坊—临沂地层小区地层厚度最大,地层发育最完整,较西部多出两个大的沉积旋回,即李官组和下灰岩段及余粮村页岩段。在实习区,长清群包含朱砂洞组($∈_2\hat{z}$)和馒头组($∈_{2-3}m$)。该群中发育有玻璃用石英砂岩、石膏等非金属矿产,总厚 433 ~ 731 m。

（1）朱砂洞组($∈_2\hat{z}$)。

朱砂洞组的创名地点在河南省平顶山市西南的朱砂洞村。山东境内的朱砂洞组以临沂地区发育齐全,可分为下灰岩段、余粮村页岩段和上灰岩段。在实习区内,该组自下而上分为丁家庄白云岩段和上灰岩段。其中,丁家庄白云岩段的创名地点在山东省长清区张夏镇馒头山附近的丁家庄。

① 丁家庄白云岩段($∈_2\hat{z}^d$)。

岩性特性:丁家庄白云岩段见于实习区偏东部(如新泰市东南部盘车沟一带),在实习区偏西部(如新泰市中南部南流泉一带)不发育。其主要岩性为一套浅灰色含燧石结核或条带的粉晶白云岩、泥质白云岩夹含泥球粒灰岩

（图 2-3a）。

沉积环境：白云岩一般是在半咸水或高盐度的潟湖、蒸发潮坪或内陆咸水湖泊中直接沉淀白云石而成的，或者咸水盆地中的 Mg^{2+} 离子或潮坪沉积物上部浓咸水中的 Mg^{2+} 离子置换底部文石（$CaCO_3$）灰泥中的部分 Ca^{2+} 离子而成。燧石主要由玉髓和微晶石英组成，化学成分为 SiO_2，而燧石可能是硅质凝胶体或硅质生物壳体直接沉积形成，另一种可能是石英交代碳酸钙形成的，而硅质来源多与硅藻有关，泥质白云岩的出现也证实了浅水碳酸盐岩台地的潮坪环境。

厚度：该段在盘车沟地区厚 28.11 m。

②上灰岩段（$\in_2 \hat{z}^u$）。

岩性特性：上灰岩段岩性以灰色厚层灰岩、中层含白云质灰岩、薄板状泥灰岩为主，下部夹有两层角砾状白云质灰岩，并普遍含有燧石结核（图 2-3b）。

化石组合：除莱德利基虫（*Redlichia*）外，偏下部发育叠层石（实习区东部为横向相连的半球状叠层石，西部为波状叠层石）。

沉积环境：形成于局限海的潮上带—潮间带环境及潮间带—浅潮下带环境。

厚度：该段在南流泉一带厚 45.52 m，在盘车沟一带厚 19.61 m。

接触关系：在实习区内不同地点，其底部或与前寒武纪侵入岩体呈沉积接触或与泰山岩群呈角度不整合接触。

a. 寒武系朱砂洞组与太古宇泰山群呈角度　　　b. 寒武系朱砂洞组含燧石结核灰质白云岩
　　　不整合接触

图 2-3　下寒武统地层典型照片

（2）馒头组（$\in_{2-3} m$）。

馒头组的创名地点在山东省济南市长清区张夏镇馒头山。在实习区,该组自下而上分为石店段、下页岩段和洪河砂岩段。其中,石店段的创名地点在山东省长清区张夏镇馒头山附近的石店;洪河砂岩段创名地点位于新泰市汶南镇洪河村北朝阳洞。

① 石店段（$\in_2 m^s$）,原馒头组。

岩性特征:又称灰岩夹页岩段,以灰色薄板状灰岩与钙质泥（页）岩互层为主,夹有紫红色、黄绿色页岩及灰色厚层鲕粒灰岩、黄色中厚层泥灰岩及灰岩透镜体（图 2-4a, b, c）。中上部发育泥裂及波痕,顶部发育小型斜层理、雨痕及古溶洞。

a. 馒头组与下伏朱砂洞组整合接触

b. 馒头组石店段灰岩与钙质泥（页）岩互层

c. 寒武系馒头组石店段主要为暗紫色含云母粉砂质页岩,夹薄层灰岩、竹叶状灰岩

d. 寒武系馒头组下页岩段紫红色页岩

图 2-4　下中寒武统地层典型照片

沉积环境:形成于局限海的潮下带—潮间带环境,属清水碳酸盐台地相沉积。

厚度:该段在新泰市西南部南流泉一带厚度为 124.53 m,在新泰市东南部盘车沟一带厚度为 138.54 m。

② 下页岩段($\in_{2-3} m^l$),原毛庄组。

岩性特征:又称页岩夹灰岩段,以砖红色、猪肝色粉砂质页岩为主,下部夹浅灰色薄层砂屑灰岩,中部夹核形灰岩、鲕粒灰岩等(图 2-4d)。

化石组合:下部产莱德利基虫(*Kcdlichia*)带化石,中部含山东盾壳虫(*Shantungaspis aclis*)带化石。

沉积环境:形成于局限海的潮下带—潮间带环境,属陆源细碎屑岩交互沉积。

厚度:该段在南流泉一带厚度为 104.29 m,在盘车沟一带厚度为 95.52 m。

③ 洪河砂岩段($\in_3 m^h$)。

岩性特征:主要岩性为褐色厚层石英细砂岩、紫红色—灰黄色含白云母粉砂质页岩、粉砂岩,局部夹有暗灰色薄层砂、砾屑灰岩及中厚层含海绿石砂质鲕粒灰岩,底部发育有一层厚度约 10 cm 的肾状赤铁矿层(图 2-5a, b)。

a. 寒武系馒头组洪河砂岩段灰黄色厚层——块状钙质胶结石英细砂岩,石英砂岩中含有被溶解的钙质胶结物

b. 洪河砂岩段石英砂岩中的交错层理

图 2-5 洪河砂岩段地层典型照片

化石组合:含芮城盾壳虫(*Ruichengapis*)带化石。

沉积构造:波状层理、脉状层理、透镜状层理、羽状交错层理和槽状交错层理发育。

沉积环境:形成于局限海湾至障壁岛(滩、沙坝)潮间带环境,属砂坪、沿岸滩坝相沉积。

厚度:该段在南流泉一带厚度为 41.96 m,在盘车沟一带厚度为 34.16 m。

接触关系：与下伏朱砂洞组为整合接触。

九龙群（$\in_3-O_1J$）是跨系的岩石地层单位，属中上寒武统-下奥陶统。九龙群在 1907 年创名，创名地点在山东省莱芜市颜庄乡九龙山。该群被中-上奥陶统马家沟组平行不整合覆盖（怀远间断），与下伏长清群整合接触，主要由碳酸盐岩组成，下部为厚层鲕粒泥晶灰岩夹页岩，中上部为竹叶状砾屑灰岩，上部为白云岩等。岩性稳定，厚度变化小，总厚度为 517～658 m。九龙群产丰富三叶虫化石。依其岩石组合特点由下而上划分为张夏组、崮山组、炒米店组及三山子组。

（1）张夏组（$\in_3\hat{z}$）。

在实习区内，该组三分性明显，自下而上分为下灰岩段、盘车沟页岩段和上灰岩段。

① 下灰岩段（$\in_3\hat{z}^l$）。

岩性特征：为灰色厚层至巨厚层鲕粒灰岩、云斑灰岩、生物碎屑灰岩。

化石组合：该段下部产毛孔野营虫（*Poriagraulos*）带和毕雷氏虫（*Bailiella*）带等三叶虫生物带化石，上部产辽阳虫（*Liaoyangaspis*）带等三叶虫生物带化石。

沉积环境：形成于从浑水转变为清水碳酸盐台地边缘的潮下带浅滩环境，为台地边缘滩相沉积。

厚度：该段在新泰市刘杜镇北流泉村一带厚度为 47.25 m；在盘车沟一带厚度为 82.72 m。在地貌上多呈陡峭的山崖（图 2-6a）。

② 盘车沟页岩段（$\in_3\hat{z}^p$）。

岩性特征：为黄绿色页岩夹薄层灰岩，薄层灰岩中偶含零星燧石结核及条带（图 2-6b）。

化石组合：见双耳虫-太子虫（*Amphoton Taitzuia*）带化石和小型腕足类化石，化石保存较完整。

沉积环境：形成于陆表海台地边缘与陆缘海之间的深水地带，沉积相为浅海陆棚相至陆棚边缘盆地相，上部的藻凝块灰岩夹页岩由浅海陆棚相向边缘礁滩相过渡。

厚度：该段在北流泉一带厚度为 45.09 m，在盘车沟一带厚度为 53.54 m。

③ 上灰岩段（$\in_3\hat{z}^u$）。

岩性特征：以浅灰色厚层球状藻礁灰岩（局部白云岩化）为特征（图 2-6c），

夹薄层泥晶灰岩、中层砂砾屑灰岩和黄绿色页岩,向上岩性相变为石灰岩与页岩互层。

化石组合:含光滑叉尾虫(*Dorypyge laevis*)带、标准孙氏虫(*Sunia typica*)带、李氏叉尾虫(*Dorypyge richthofeni*)带、华氏小无肩虫(*Anomocarella walcotl*)带、特殊小无肩虫(*Anomocarlla of temenus*)带、巴氏巨阳虫(*Liaoyangaspis bassleri*)带、小裂头虫(*Crepicephalina*)带、葛氏褶颊虫(*Ptychoparia grabaui*)带化石。

沉积环境:形成于浪基面以上的台地边缘潮间带环境中,为台地边缘礁滩相沉积。

厚度:该段在北流泉一带厚度为 28.08 m,在盘车沟一带厚度为 51.63 m。

接触关系:与下伏馒头组为整合接触。

a. 张夏组下灰岩段厚层鲕状灰岩

b. 张夏组盘车沟段页岩夹薄层灰岩

c. 张夏组上灰岩段浅灰色厚层球状藻礁灰岩

d. 崮山组页岩夹薄层灰岩

图 2-6 张夏组和崮山组地层典型照片

(2)崮山组($\in_{3-4}g$)。

岩性特征:本组为一套灰岩及页岩沉积,灰岩泥质成分较多(图 2-6d)。这套沉积包括黄绿色页岩、链条状（或疙瘩状）灰岩、泥纹及泥质条带灰岩和中、薄层砾屑灰岩、鲕粒灰岩，部分砾屑灰岩具有紫红色氧化圈。

化石组合：本组化石丰富，下部产蝴蝶虫（Blackwelderia）带和蝙蝠虫（Drepaura）带化石且保存较好。

沉积环境：形成于浪基面以下低能的潮下带，为陆棚边缘盆地相沉积。

厚度：该组在北流泉一带厚度为 178.45 m，在盘车沟一带厚度为 60.61 m。

接触关系：与下伏张夏组为整合接触。

（3）炒米店组（$\in_4 O_1 \hat{c}$），原凤山组二段和原长山组的并层。

岩性特征：以具有紫红色氧化圈的竹叶状灰岩为特征，向上为砾屑灰岩、砂屑灰岩、黄灰色泥晶灰岩、鲕粒灰岩、生物碎屑灰岩等，间有泥质条带灰岩，主要为中厚层灰色砂砾屑灰岩、藻灰岩、鲕粒灰岩，亦可见云斑灰岩和黄绿色页岩（图 2-7a, b）。

化石组合：含蝴蝶虫（Blackwelderia）带、蝙蝠虫（Drepaura）带、庄氏虫（Chuangia）带等化石。

沉积环境：早期形成于台地边缘浪基面以上高能的潮间带环境中，后期形成于浪基面附近低能但间歇高能潮间—潮下带环境，为浅海陆棚相至台地前缘斜坡相沉积。

厚度：该组在北流泉一带厚度为 212.16 m，在盘车沟一带厚度为 225.22 m。

接触关系：与下伏崮山组为整合接触。

a. 炒米店组竹叶状砾屑灰岩　　　　　b. 炒米店组泥质条带灰岩

图 2-7　炒米店组地层典型照片

（4）三山子组（$\in_4 O_1 s$）。

在实习区内，三山子组由白云岩组成，自下而上分为中薄层段 c 段、中厚层段 b 段和含燧石段 a 段。c 段属晚寒武世，b、a 两段为早奥陶世。

① 中薄层 c 段（$\in_4 s^c$），原凤山组二段。

岩性特征：以黄灰及灰褐色中、薄层细晶白云岩为主，夹厚层细晶白云岩，可见含叠层石白云岩，叠层石发育完整、特征明显（图 2-8a）。

厚度：该段在北流泉一带厚度为 19.43 m，在盘车沟一带厚度为 31.56 m。

② 中厚层 b 段（$O_1 s^b$），原冶里组。

岩性特征：以黄灰及灰黄色中、厚层细晶白云岩、泥质白云岩为主，夹中层砾屑白云岩（图 2-8b）。

厚度：该段在北流泉一带厚度为 47.61 m，在盘车沟一带厚度为 61.47 m。

③ 含燧石 a 段（$O_1 s^a$），原亮甲山组。

岩性特征：以黄灰色薄层至中厚层含燧石结核及条带的细晶白云岩为主（图 2-8c）。

a. 三山子组中、薄层段黄灰色细晶白云岩　　　b. 三山子组中、厚层段泥质白云岩

c. 三山子组含燧石结核及条带白云岩与　　　　d. 马家沟群东黄山组灰质白云岩、泥质灰岩
上覆马家沟群东黄山组的接触界线
（东黄山组底部为灰质砾岩）

图 2-8　三山子组和马家沟群地层典型照片

化石组合：含细弱开平角石（*Kaipingoceras of acferiualum*）、冶里角石

（*Yehhoceras yehliense*）等头足类化石。

厚度：该段在寺山庄东部一带厚度为 49.9 m，在盘车沟一带厚度为 82.25 m。

沉积环境：三山子组形成于陆表浅海环境，自下而上出现潟湖—浅海潮下带—潟湖沉积环境的变化，显示了在海侵—海退环境下沉积的石灰岩发生了白云岩化。

接触关系：与下伏炒米店组为整合接触。

2. 奥陶系（O）

奥陶系集中分布于实习区中部，呈北西—南东向展布，倾向北东。其最下部为三山子组上部层位（已在上文"寒武系"部分进行了介绍），向上为马家沟群（$O_{2-3}M$）。

马家沟组创名于河北省唐山市赵各庄马家沟。山东省地质局 805 队因其具有白云岩与灰岩相间出现的现象而将其分为六段，一、三、五段为白云岩段，二、四、六段为灰岩段。参照 2013 年 11 月第四届全国地层委员会公布的《中国地层表》，山东省将原东黄山段、北庵庄段、土峪段、五阳山段、阁庄段、八陡段恢复为组级单位，并为马家沟群。马家沟群为区域不整合界线单位，其上为石炭纪月门沟群本溪组平行不整合覆盖，其下与九龙群平行不整合接触。该组在鲁西分布广泛，主要是一套以灰岩与白云岩相间出现、富含头足类化石为特征的岩石地层单位。依其岩性组合特征由下而上划为东黄山组白云岩、北庵庄组灰岩、土峪组白云岩、五阳组山灰岩、阁庄组白云岩、八陡组灰岩等组级岩石地层单位。马家沟群地质时限为中-晚奥陶世大湾期-艾家山期。东黄山-阁庄组为中奥陶世，八陡组为中-晚奥陶世。

（1）东黄山组（O_2d），原马一段。

岩性特征：主要岩性为灰黄色薄层泥质白云岩、灰质白云岩、中厚层角砾状白云岩（图 2-8d）。

化石组合：生物化石贫乏。

厚度：在小协镇横山村一带厚度为 31.82 m，在新泰市汶南镇东南部地区厚度为 14.57 m。

（2）北庵庄组（O_2b），原马二段。

岩性特征：主要岩性为厚层泥晶灰岩、云斑灰岩、藻凝块灰岩（图 2-9a）。

化石组合：含桌子山多泡角石（*Polydesmia zuezshanensis*）带化石。

厚度：在小协镇横山村一带厚度为 201.07 m，在汶南镇东南部厚度为

128.27 m。该段灰岩以层厚、质纯、水平层纹发育为特征,被广泛用作生产石灰和水泥的原料。

(3)土峪组(O_2t),原马三段。

岩性特征:主要岩性为灰黄色白云质灰岩、泥质白云岩、泥灰岩、微晶白云岩等,以泥质含量较高为特征(图2-9b)。

化石组合:生物化石贫乏。

厚度:在小协镇横山村一带厚度为59.98 m,在汶南镇东南部厚度为72.96 m。

(4)五阳山组(O_2w),原马四段。

岩性特征:主要岩性为厚层泥晶灰岩、云斑灰岩、含燧石结核灰岩,夹薄层泥晶灰岩、藻凝块灰岩、泥质白云岩。自下而上,燧石逐渐减少,白云质逐渐增多。该段以底部出现含燧石结核灰岩、云斑灰岩为识别标志(图2-9c)。

化石组合:含假隔臂灰角石-巴氏角石(*Stereoplasmoceras pseudoseptutum-Bassleroceras*)带化石及其他头足类、腹足类和三叶虫化石。

厚度:在小协镇横山村一带厚度为314.66 m,在汶南镇西南部地区厚度为199.26 m。

(5)阁庄组(O_2g),原马五段。

岩性特征:主要岩性为浅灰色灰质白云岩、黄褐色微晶至粉晶白云岩,局部有角砾状(同沉积成因)白云岩夹钙质页岩。

化石组合:生物化石贫乏。

厚度:在新汶办事处西部地区厚度为119.89 m,在汶南镇东南部地区厚度为142.55 m。

(6)八陡组($O_{2-3}b$),原马六段。

岩性特征:主要岩性为灰色厚层泥晶灰岩、云斑灰岩,局部夹藻凝块灰岩、泥质灰岩、白云岩(图2-9d)。

厚度:在新汶办事处西部地区厚度为82.5 m,在汶南镇东南部地区厚度为92.34 m。

新汶组是在原八陡组顶部发现砂岩层后新建立的一个岩性段,以灰色厚层泥晶灰岩为主,夹云质灰岩、泥质白云岩、细粒石英砂岩、紫红色页岩。在新汶办事处西部地区厚度为10.3 m,在汶南镇东南部地区厚度为51.21 m。

沉积环境:自早到晚为高水位体系域,形成于碳酸盐台地边缘的潮间带至潟湖、浅海至潮坪相交替出现的海洋环境,为潮间带潮坪潟湖相、浅海潮坪碳酸盐相交替沉积。

矿产资源：马家沟群是山东省石灰岩矿的重要产出层位，发育石膏矿层。

接触关系：与下伏三山子组为整合接触。

a. 北庵庄组质纯灰岩

b. 土峪组灰黄色白云质灰岩、白云岩

c. 五阳山组厚层白云质灰岩、含燧石结核灰岩
（含大量角石化石）

d. 八陡组云斑灰岩

图 2-9　马家沟群地层典型照片

2.1.3　上古生界

实习区上古生界发育上石炭统和二叠系，缺失泥盆系和下石炭统。上石炭统和二叠系包括晚石炭世-早二叠世月门沟群（C_2-P_2Y）和中-晚二叠世石盒子群（$P_{2-3}\hat{s}$）两个岩石地层单位。平行不整合盖于奥陶纪马家沟群八陡组之上，被三叠纪石千峰群不整合所盖。月门沟群由本溪组（C_2b）、太原组（C_2P_1t）和山西组（$P_{1-2}\hat{s}$）组成，石盒子群由黑山组（P_2h）（砂岩）和万山组（P_2w）（泥岩）组成。

1. 石炭系（C）

石炭系为一套海陆交互相碳酸盐岩—陆源碎屑岩含煤建造，包括本溪组及太原组的部分层位。

（1）本溪组（C_2b）。

岩性特征：以铝土质泥岩和页岩为主，夹有砂岩、粉砂岩及2～4层石灰岩，局部含薄煤层。在本溪组底部发育 G 层铝土矿和山西式铁矿。

在实习区内，本组仅发育湖田段（该段创名地点在山东省淄博煤田湖田矿区）。其主要为紫红色铁质铝土岩，紫、黄、灰白、斑杂色铝土岩（图 2-10a），常以此作为本溪组底部的识别标志。局部可见泥质粉砂岩、紫红色含长石石英砂岩和砂砾岩透镜体。

化石组合：本组产出的动物化石为蜓类、腕足类和珊瑚等，具体有海百合、分喙石燕、长身贝等，它们都是浅海生物。植物化石门类较少，种类单调且非常破碎，如产出的鳞木类化石，有的只保存叶痕的轮廓，有的保存叶座轮廓。

沉积环境：形成于海陆交互的沼泽环境，为海陆交互相—陆相含煤岩系沉积。

厚度：据煤田地质资料显示，该段东部厚、西部薄，厚度变化范围为 1.34 m 至 72.9 m。

接触关系：与下伏马家沟群八陡组为平行不整合接触。

（2）太原组（C_2P_1t）。

岩性特征：主要为灰色、灰黑色泥岩、页岩和粉砂岩，夹砂岩、灰岩和薄层煤。

在实习区内，该组下部有出露，为灰色厚层含生物灰岩、页岩、泥质粉砂岩、砂岩等（图 2-10b）。太原组中上部在实习区内被覆盖。据煤田钻孔资料显示，其主要为灰至灰黑色粉砂岩、泥岩、页岩，含多层灰岩及煤层，是主要的产煤层位。其上与中二叠统山西组底部的砂岩分界，可作为区域对比的标志层。

a. 本溪组风化壳之铝土及铁质结核　　　　b. 太原组灰色厚层含生物灰岩

图 2-10　本溪组和太原组地层典型照片

化石组合：灰岩中产丰富的珊瑚、腕足类、头足类、腹足类、瓣鳃类和蜓类化石。

沉积环境：形成于滨海沼泽地带和浅海地带，为滨海沼泽相和浅海相的交替沉积。

厚度：在新泰市中部地区，太原组下部厚度为29.7 m，中上部厚度为137.3 m。在汶南镇一带，太原组厚度为211.68 m。

接触关系：与下伏本溪组之间以整合接触为主。

2. 二叠系（P）

在实习区内二叠系未见出露。根据煤田钻孔资料，实习区二叠系包括太原组（C_1P_1t）中上部层位、山西组（$P_{1-2}\hat{s}$）和石盒子组（$P_{2-3}\hat{s}$）。

（1）山西组（$P_{1-2}\hat{s}$）。

岩性特征：由灰色、浅灰色黏土岩、砂岩、粉砂岩及煤层组成。

在实习区内，该组被覆盖。据煤田钻孔资料显示，该组下部以较粗粒的碎屑岩为主，上部为粉砂岩、泥岩及煤层（线）（图2-11a）。

化石组合：本组植物化石丰富，晚石炭世的鳞木类已不繁盛，而以芦木类的瓣轮叶、真蕨和种子蕨类兼有羽状脉和简单网状脉特征的编羊齿属和织羊齿属的出现以及带羊齿属的大量出现为特征。

沉积环境：形成于滨海沼泽环境，为滨海沼泽相沉积。

厚度：在新汶办事处一带，该组厚度约为79 m。

接触关系：与下伏太原组为整合接触。

（2）石盒子组（$P_{2-3}\hat{s}$）。

该组发育于实习区西部，自下而上分为黑山组和万山组，创名地点分别为淄博市博山区八陡镇东黑山和淄博市淄川区万山。石盒子群整体上由一套陆相沉积的黄绿色及灰绿色砂岩、紫红及灰紫色泥岩夹铝土岩、灰黑色页岩组成，南部偶见煤线，厚度变化大，含丰富植物化石。底层以泥岩基本结束而大套黄绿色砂岩出现为界。

① 黑山组（P_2h）。

岩性特征：以中粒砂岩、细砂岩、粉砂岩、泥岩为主，偶夹薄层煤（图2-11b）。

厚度：在新汶办事处至协庄一带厚度约为44 m。

a. 淄川区泉头村山西组砂岩夹泥岩、炭质页岩　　　b. 淄川区辛庄北二叠纪石盒子群万山组铝土岩

图 2-11　山西组和石盒子群地层典型照片

② 万山段（P_2w）。

岩性特征：主要岩性为泥岩、页岩，有砂岩夹层。

厚度：在新汶办事处至协庄一带厚度约为 9.10 m。

沉积环境：形成于内陆盆地的河湖环境，为内陆河湖相沉积。

接触关系：与下伏月门沟群山西组呈整合接触，顶层以石千峰群底部紫色砾岩为界，两者呈平行不整合接触。

2.1.4　中生界

中生代地层广布于各古老隆起之间的中生代盆地之中，系一套陆相碎屑岩和陆相火山岩沉积，发育有三叠系、侏罗系和白垩系。其中，以白垩系出露广、连续性好，而三叠系、侏罗系局限分布于鲁西地层分区，发育不全，少而零散。另外，在华北平原分区的第四系覆盖区钻孔揭示亦有之。

实习区中生界发育侏罗系中、上统和白垩系下统，缺失三叠系、侏罗系下统和白垩系上统。

1. 侏罗系（J）

实习区内侏罗系发育淄博群（J_2-K_1Z）三台组（J_3K_1s）和坊子组（J_2f）。淄博群分布比较局限，鲁西地区主要集中在北部和西部，以新泰—淄博地层小区北部和滨州—东营地层小区较为发育。该群为内陆浅湖及河流相沉积。新泰市汶南镇淄博群岩石组合具明显二分性，下部为坊子组，上部为三台组。

（1）坊子组（J_2f）。

岩性特征：为灰色砂岩、页岩含煤岩系（图 2-12a），层型地点在潍坊市坊子区,在新泰市汶南镇朝阳洞东分水岭村西南有分布,自西向东超覆不整合在石炭系太原组之上。

化石组合:含植物、叶肢介化石和可采煤层。

沉积环境:形成于中侏罗世的滨湖—沼泽环境,为陆相滨湖—沼泽相沉积。

(2)三台组(J$_3$K$_1$s)。

层型地点在淄博市昆仑镇三台山,三台组在实习区西部被覆盖,东部出露良好,分布于新泰市汶南镇朝阳洞与分水岭村之间呈北西走向的狭长地带。

岩性特征:主要岩性自下而上分为砂岩段和砾岩段。在分水岭村附近,砂岩段厚度为 150.26 m,以紫红色长石砂岩为主,夹砂砾岩、砾岩、页岩,砂岩中发育平行层理、板状交错层理、楔状交错层理;砾岩段以石英岩质砾石为主,夹岩屑长石砂岩,总体上粗下细(图 2-12b),厚度为 84.76 m。

沉积环境:形成于晚侏罗世的河流环境,是不整合于古生界或三叠系之上、白垩系之下的一套杂色黏土岩、粉砂岩、砂、砾岩沉积。

厚度:该群总厚度为 367～1 429 m。

a. 临淄区大昆仑西淄博群坊子组炭质页岩与　　　b. 新汶东北淄博群三台组紫红色长石砂岩,
黄绿色页岩互层　　　　　　　　　　　　　发育大型交错层理

图 2-12　坊子组和三台组地层典型照片

该区在庄家庄北整合于坊子组之上,其他地方超覆不整合于石炭系太原组之上。

2. 白垩系(K)

白垩系地层包括早白垩统莱阳群、青山群和晚白垩统官庄群下部地层。

早白垩统莱阳群（K_1L）在鲁西地层分区仅见于蒙阴、南麻、郯城等几个断陷盆地内，并且地层发育不全。该群是一套横向相变大，各地成岩环境具差异性的陆相盆地之河、湖相碎屑岩夹火山岩沉积。

莱阳群是不整合于元古宇、古生界或侏罗系之上，整合于青山群之下的一套河湖相沉积。在实习区，该群自下而上分为止凤庄组（$K_1\hat{z}$）、水南组（$K_1\hat{s}$）、城山后组（$K_1\hat{c}$）和马连坡组（K_1m）。

（1）止凤庄组（$K_1\hat{z}$）。

在实习区，该组主要见于新泰市汶南镇东中西部。

岩性特征：以黄绿—灰绿色细粒长石砂岩为主，夹砂砾岩、砾岩和泥质粉砂岩，厚度为 21.97 m。

沉积环境：形成于河流和滨湖三角洲地区，为一套河流相—湖缘三角洲相沉积产物。

接触关系：底层以砂砾岩与下伏三台组呈平行不整合接触，属于早白垩世早期。

（2）水南组（$K_1\hat{s}$）。

在实习区，该组大面积出露于新泰市汶南镇分水岭一带。

岩性特征：以灰绿色薄层泥质粉砂岩、粉砂岩、细砂岩为主，夹含砾粗砂岩、粉砂质泥岩和页岩，具含砾粗砂岩—细砂岩—粉砂岩—泥质粉砂岩—页岩（泥岩）旋回性基本层序，与下伏止凤庄组呈整合接触。

沉积环境：形成于浅湖—半深湖环境，为一套浅湖—半深湖相沉积物，厚度为 771.11 m。

化石组合：该组生物门类众多。其中，叶肢介化石以东方叶肢介（*Eosestheria*）组合为主；介形虫化石以女星介（*Cyprtdea*）为主体的淡水组合。时代属早白垩世早期。

（3）城山后组（$K_1\hat{c}$）。

在实习区，该组集中分布于新泰市汶南镇盘古庄西至蒙阴县常路镇西住佛一带。自下而上分为一、二两个岩性段。

① 城山后组一段。

岩性特征：为黄灰色、灰绿色交替的含砾凝灰质粗砂岩、中砂岩和细砂岩旋回性沉积组合，具有自西而东粒度变细的演化趋势。

沉积环境：形成于河流和滨湖三角洲地区，为一套河流相—滨湖三角洲相沉积产物。

厚度：220.37 m。

接触关系：与下伏水南组呈整合接触。

② 城山后组二段。

岩性特征：为以安山凝灰质成分为主的含砾粗砂岩、砂砾岩，上部为安山质角砾岩夹角砾集块岩、角砾凝灰岩，总体上粗下细，厚度为 112.70 m。

化石组合：生物以淡水软体前贝加尔螺（*Prubcaicalia*）和热河球蚬（*Sphaeyium jehoLense*）为代表，叶肢介类和介形类组合与下伏水南组生物组合一致。另外，尚产鱼类、爬行类化石，时代属早白垩世早期。

（4）马连坡组（K₁m）。

在实习区，该组集中分布于蒙阴县常路镇西住佛至五里桥一带，自下而上分为一、二、三共三个岩性段。

① 马连坡组一段。

岩性特征：以灰绿色薄层泥质粉砂岩、含砂球的细砂岩为主，夹岩屑粗砂岩，底部砾岩与下伏城山后组呈整合接触，厚度为 85.55 m。

② 马连坡组二段。

岩性特征：以灰绿、灰黄色互层的泥质粉砂岩、岩屑粗砂岩为主，夹细砂岩、含砾粗砂岩和砖红色泥岩，厚度为 103.01 m。

③ 马连坡组三段。

岩性特征：以灰白色膨润土化含砾岩屑中粗砂岩、灰绿色含砾岩屑中粗砂岩为主，夹灰红色泥质砂岩、泥岩和砾岩，厚度为 118.53 m。

化石组合：生物化石有女星介（*Cypridea*）、东方叶肢介（*Eosestheria*）、球蚬（*Sphaeyium*）、前贝加尔螺（*Prubcaicalia*）、狼鳍鱼（*Lycoptera*）等。时代属早白垩世中期。

沉积环境：总体具含砾岩屑中粗砂岩—细砂岩—泥质粉砂岩—泥岩的旋回性基本层序，形成于山间短源河流和湖泊地区，为一套山间河湖相沉积产物。莱阳群的成岩环境与组级岩地层单位（自下而上）依次是：流速快、高密度流辫状河洪积扇极粗碎屑沉积，山间湖盆低能浅湖相细碎屑沉积，高密度流山前辫状河偶夹火山岩粗碎屑沉积，低能浅湖—深湖相微细碎屑夹碳酸盐沉积，近湖相—曲流河相中、细碎屑沉积，曲流河、局部滨湖相杂基碎屑夹火山岩沉积，高密度流、水动力强、快速堆积冲积扇巨粗碎屑沉积，火山喷发、洪积的火山洼地碎屑堆积,辫状河—曲流河碎屑沉积,曲流河含火山物质碎屑沉积,残留牛轭湖细碎屑夹火山碎屑沉积。

莱阳群展布格局和不同相沉积明显反映陆相沉积的变化特点,所含化石颇丰,有鱼、叶肢介、双壳、介形虫、昆虫、植物等,属早白垩世生物组合。酸性凝灰岩夹层 K-Ar 全岩同位素年龄值为 108 Ma,应为早白垩世早期产物。

早白垩统青山群(K_1Q)为酸性—中基、中性—酸性—中偏碱性的火山岩系。其分布受断裂构造和火山盆地制约,几乎分布于全省的各个中生代盆地,主要分布于胶莱盆地周缘、沂沭断裂带内以及鲁西邹平、临朐、莱芜、蒙阴、平邑等盆地中。沂沭断裂带以西各盆地多不整合于莱阳群城山后组或马连坡组之上,其上与官庄群呈不整合接触。

青山群形成于火山盆地,是一套陆相火山岩—火山碎屑岩的火山盆地沉积,由于火山活动的先后和强度的差异,各地区发育程度相距甚远。在实习区,该群仅发育八亩地组(K_1b)。

在实习区,八亩地组(K_1b)见于蒙阴县常路镇李官庄村西等地。

岩性特征:以安山质角砾集块岩、集块角砾岩和辉石安山岩为主,夹角闪安山岩、橄榄玄武岩、角砾凝灰岩等,为一套裂隙式火山喷发产物。其可分为 9 个韵律、26 次喷发—溢流活动,厚度为 730.57 m,K-Ar 同位素地质年龄值为 107.41~118.71 Ma,时代为早白垩世晚期。

接触关系:与下伏马连坡组呈不整合接触。

晚白垩统官庄群(K_2-EG)可分为固城组(K_2g)和卞桥组(K_2E_1b)。

2010—2013 年,张增奇等在"山东省古近纪地层多重划分对比研究"项目中对官庄群进行了野外填图、科学钻探和采样,通过多门类化石对比,认为官庄群时代由原认为的古近纪下延至晚白垩世,跨时约 10 Ma,官庄群固城组(K_2g)和卞桥组(K_2E_1b)底部时代为晚白垩世。至此,固城组时代为晚白垩世;卞桥组时代为晚白垩世-古新世;常路组跨时较长,为晚白垩世绥化阶-古新世近顶部(即上湖阶及池江阶近顶部)。

(1)固城组(K_2g)。

固城组分布于平邑县卞桥镇广阜庄—挑沟一带,岩性自下而上可分为三段。

下部:杂色、褐色含砾岩屑砂岩,向上过渡为砖红色泥岩。

中部下段:砖红色泥岩,夹灰绿、灰色球粒泥晶灰岩。

中部上段：紫红色夹杂色块状含砾粗砂岩,钙质粉砂岩、泥岩。

上部：为灰绿色、紫红色夹杂色含砾砂岩,砾岩磨圆度好,砾石大者 6～7 cm,小者 0.5 cm,砂岩交错层理发育。

化石组合：含大量的介形虫、轮藻和腹足类化石。

沉积环境：形成于陆地的湖泊中,为陆相湖泊沉积,自下而上出现滨湖—浅湖—滨湖的变化。

（2）卞桥组（K_2E_1b）。

卞桥组分布于平邑县卞桥镇广阜庄—挑沟一带,为整合于固城组之上和整合于常路组之下的一套含石膏矿层的泥灰岩、灰岩和泥岩地层。下部以泥灰岩、灰岩为主,上部为砂、泥岩夹石膏矿层、泥灰岩及灰岩。底部为灰、灰黄色钙质泥岩和钙质粉砂岩。其厚度大于 350 m,岩性自下而上可分为三段。

卞桥组下段：与下伏固城组呈连续沉积。

卞桥组下段下部：可见肉红色中厚层虫孔灰岩,局部地区出露砖红色泥岩,为浅湖沉积环境。

卞桥组下段中部：含杂色块状砾岩,砾石成分主要为石英、火山岩、灰岩等,钙质胶结,磨圆度好,分选性差,代表水能较强的环境。其可见细砾岩及中砾岩,缺少动植物化石,具有典型河流相河床亚相沉积特征。

卞桥组下段上部：灰色、黄灰色灰岩,夹核形石粉屑灰岩,含腹足类及大量轮藻枝化石。生物扰动强烈,为典型的水体较深、弱氧化条件的浅湖沉积环境。

卞桥组上段：与下伏地层呈平行不整合接触。

卞桥组上段下部：灰黑色砾岩,红色基质,砾石磨圆度中等,分选性差,成分为古生界灰岩,可见交错层理,属于河床亚相沉积。

卞桥组上段中上部：肉红色中厚层虫孔灰岩,虫孔发育不均匀,含管状化石、轮藻枝化石,属于内陆浅湖亚相沉积。

2.1.5 新生界

新生界古近系、新近系和第四系均有出露,其中第四系分布最广。古近系主要见于沂沭断裂带和其西部鲁西地层分区,鲁东地层分区甚少且局限,多被第四系覆盖;新近系分布于鲁西地层分区北部。实习区新生界包括古近系（E）和第四系（Q）。

1. 古近系（E）

在实习区发育古近系始新统（E_2），岩石地层单位为常路组（$K_2E_1\hat{c}$）和朱家沟组（$E_2\hat{z}$），其地层实测剖面记录如下。

（1）常路组（$K_2E_1\hat{c}$）。

岩性特征：分上下两段，上段由灰、紫红、灰绿等色泥岩、泥质粉砂岩及少量砾岩、细砂岩组成，间有煤线、岩屑及泥灰岩。下段由灰白、灰黄、紫灰、紫红等色泥岩、泥质粉砂岩、细砂岩及砾岩组成，砾石成分复杂。其一段具砾岩—细砂岩—砂质泥岩的旋回性基本层序。二段具细砂岩—砂质泥岩—炭质泥岩的基本层序，有自西向东厚度变薄并逐渐尖灭的特点。

化石组合：上段含腹足、瓣鳃及介形类化石，下段含软体动物及少量植物化石。所产化石的具体种类包括玻璃介（*Candoniella*）、真星介（*Eucypris*）、圆星介（*Metacypris*）、球蚬（*Sphaerium*）、滴螺（*Physa*）、园螺（*Cyclophorus*）、古白螺（*PaLaceoLeuca*）、山东官庄兽（*Kuanchuanius Shantungensis*）、后脊犀貘（*Hyyachyus Metalophus*）、山东全脊膜（*Teleolophus Shantungensis*）、中华原古马（*Propalaeotherium sinense*）等。

沉积环境：为河流和滨浅湖环境。

该组正层型为蒙阴县常路镇骑路官庄—盘古庄剖面（117°50′E，35°49′N），具体如下。

上覆地层：朱家沟组；

——————————————整　　合——————————————

常路组（图2-13a）；	828.3 m
二段：	563.1 m
㉒ 杂色、浅灰、紫红色泥岩、钙质泥岩，偶夹岩屑；	55.2 m
㉑ 砖红色泥岩、细砂岩及中砾岩；	10.2 m
⑳ 紫红色泥岩，含炭屑，中部含灰岩细砾夹中砾岩；	70.3 m
⑲ 黄褐、紫红及紫灰色泥质粉砂岩、泥岩及中砾岩；	22.0 m
⑱ 紫红、灰绿色泥岩，质纯，见腹足类化石碎片；	48.5 m
⑰ 紫红、灰紫色泥岩、泥质粉砂岩、粉砂岩，上部夹紫灰色厚层状中砾岩，中部有一薄层煤线，见腹足类化石；	19.3 m
⑯ 黑灰、紫灰色及杂色泥岩，夹薄层泥灰岩；	68.2 m

⑮ 灰绿、灰黑绿色泥岩,夹泥质粉砂岩、粉砂质泥岩及泥灰岩, 　64.6 m
　　含软体动物化石;

⑭ 灰黄色中砾岩,砾石成分以灰岩为主; 　12.2 m

⑬ 杂色泥岩,间夹紫红色泥质粉砂岩、浅黄色石英砂岩、泥岩, 　37.2 m
　　含软体动物化石;

⑫ 灰白、灰黄色砂岩、砂砾岩及砾岩互层,夹灰绿色泥岩; 　41.9 m

⑪ 杂色泥岩,含腹足类化石; 　16.9 m

⑩ 上部为灰白、黄色泥质粉砂岩,中部为石英砂岩,具斜层理, 　72.3 m
　　下部为厚层砾岩,部分被覆盖;

⑨ 上部为浅灰紫色泥岩和黄色粉砂岩,下部为灰白、灰黄色石 　24.3 m
　　英砂岩,夹薄层砾岩和泥质粉砂岩,砂岩中见植物化石。

一段: 　265.2 m

⑧ 灰白色中砾岩,夹薄层石英砂岩、砂质泥岩,砾岩的砾石成分 　54.2 m
　　为灰岩及少量石英岩,顶、底层有厚 1 ～ 3 m 棕黄色泥质粉
　　砂岩;

⑦ 上部为灰色泥岩,中部为浅灰色砾岩,下部为紫红色粉砂岩; 　10.7 m

⑥ 浅灰色中砾岩,上部为紫红色泥岩; 　8.2 m

⑤ 紫红色泥岩、灰质砂泥岩及细砂岩互层,间夹砾岩,下部有钙 　41.5 m
　　质团块顺层分布;

④ 紫灰色砂质泥岩及细砂岩互层,底部为砾岩; 　33.9 m

③ 灰紫色砂质泥岩、砂砾岩及中砾岩,以砂砾岩为主,砾石成分 　60.6 m
　　主要为灰岩,其次为石英岩;

② 紫灰色中砾岩,砾石成分复杂,主要为石英岩,其次为灰岩、 　3.0 m
　　安山岩、闪长玢岩、片麻岩;

① 紫红、紫褐色泥岩及砂岩,夹粉砂质泥岩,底部为砾岩,砾石 　53.4 m
　　成分以石英岩为主,灰岩次之;

～～～～～～ 角度不整合 ～～～～～～

下伏地层:莱阳群。

(2)朱家沟组($E_2\hat{z}$)。

朱家沟组创名地点在实习区蒙阴县常路镇朱家沟村。

岩性特征：为一套巨厚的灰红色中砾岩。砾石成分单一，主要是早古生代的石灰岩，磨圆度较差，分选性不好。

沉积环境：该组形成于山麓冲洪积环境中。在实习区内，其厚度自东向西有逐渐增大的趋势。

该组正层型为蒙阴县常路镇骑路官庄—扒故庄剖面（117°50′E，35°40′N），具体如下。

朱家沟组（顶裸露）（图 2-13b）；	1 012.5 m
⑧灰褐色粗—中砾岩，砾石成分为灰岩；	47.8 m
⑦灰褐、灰红色中砾岩，下部有部分细砾岩；	161.9 m
⑥灰红色角砾岩，角砾成分为灰岩、泥灰岩及少量暗紫色砂岩、页岩；	39.1 m
⑤灰红、褐红色中砾岩，砾石成分为灰岩、泥灰岩及生物碎屑灰岩，底部有一层厚 7 cm 的角砾岩；	59.9 m
④灰红、红褐色粗—中砾岩，砾石成分主要为灰岩及少量紫红色泥岩；	92.6 m
③灰红色中砾岩，砾石成分为灰岩、竹叶灰岩、藻凝块灰岩、白云质灰岩、含海绿石灰岩及少量砂页岩；	179.2 m
②灰红色细—中砾岩与粗—中砾岩互层，砾石成分为灰岩；	347.5 m
①粉砂岩、砂岩、砾岩构成韵律层；	84.5 m

——————————整　　合——————————

下伏地层：常路组杂色、浅灰色、紫红色泥岩和钙质泥岩。

a. 蒙阴县城北官庄群常路组灰质砾岩　　　　　b. 平邑县城东官庄群朱家沟组灰质砾岩

图 2-13　常路组和朱家沟组地层典型照片

2. 新近系(N)

新近系地层集中出露于沂沭断裂带北部,在实习区未见出露,但在实习区外围的沂水、临朐、昌乐、安丘、潍坊等地区有分布。其不整合或超覆不整合盖于古近纪及其更老的地层或变质基底岩系之上,未见顶。

岩性特征:主要为玄武岩夹砂砾岩、黏土岩及硅藻土,为上下两套玄武岩和中部的砂砾岩、砂岩、硅藻土页岩、黏土页岩的岩石组合,自下而上划分为牛山组、山旺组和尧山组。其中,山旺组分布较为局限,多数地区缺失;大部分地区为牛山组、尧山组。尧山组残留者平行不整合盖于牛山组之上,或二者均单独出现,单独出现者底层有砂砾岩。

形成环境:该群是陆相裂隙式火山多次溢流的产物。牛山组各地厚度不一,沂水地区厚度为 241~290 m,其 K-Ar 等时线年龄值集中于 16.05~19.73 Ma。山旺组分布虽少,但含丰富的哺乳类、鸟类、爬行类、鱼、昆虫及植物化石,其玄武岩夹层 K-Ar 同位素年龄值为 13~18 Ma,二者属中新世早期,尧山组平行不整合盖于牛山组之上,昌乐蓝宝石矿源于该组,其玄武岩 K-Ar 同位素年龄值为 4.39~11.4 Ma,应属中新世晚期-上新世产物。

3. 第四系(Q)

第四系主要分布在柴汶河流域的河床、漫滩、山间(前)凹地、坡缘及青云山水库、大光明水库等水系前缘一带,形成山区前缘堆积平原和山间冲积平原,多系松散堆积物。按其成因类型、地貌及其他因素,自下而上可分为羊栏河组、大站组、黑土湖、临沂组和沂河组。岩性主要为灰黄、棕黄、褐黄等色调的砂质黏土、黏土质粉砂、细砂和半固结至松散状砂砾层,为河流流域的沉积物及丘陵地区的残积物。其厚度因地而异,最厚可达 30 m。

实习区第四系主要为临沂组(Qhl)和大站组(Qhd)。

临沂组(Qhl):是 1988 年山东省地矿局命名的岩石地层名称,地层特征为现代河流Ⅰ级阶地及高河漫滩上的一套灰黄色碎屑沉积,岩性为黏土质粉砂、含砾中粗砂,含脊椎动物化石。其在实习区主要分布于柴汶河流域的河流两侧,厚度小于 10 m。

大站组(Qhd):分布较广,主要分布于河流两岸低山脚下,局部为临沂组所覆盖。其主要岩性为洪冲积黄褐色粉砂质黏土、黏土,含钙质结核。土层较硬,常见垂直节理,底层与基岩呈不整合接触。厚数米,局部可达 10 m。

整个实习区地层分布见图 2-14。

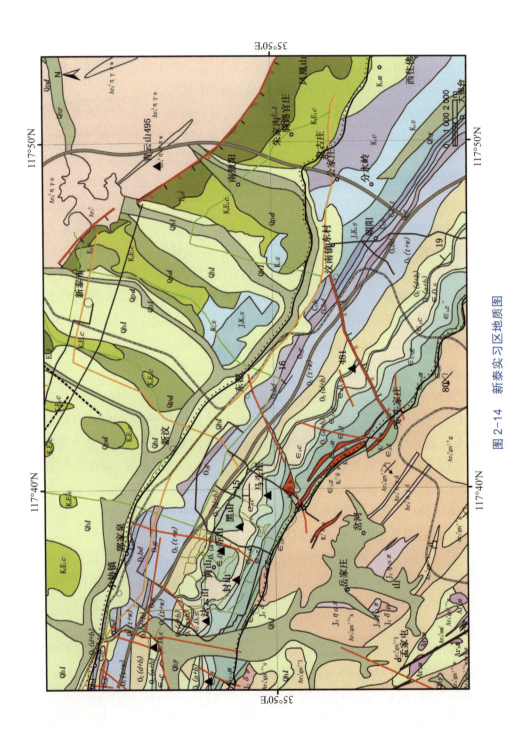

图 2-14 新泰实习区地质图

2.2　实习区岩石

在新泰、蒙阴地区三大岩石类型均可见到,现将各类岩石介绍如下。

2.2.1　变质岩类

1. 变质岩的鉴别方法

变质岩是指受到地球内部力量(温度、压力、应力、化学成分等)改造而成的新型岩石。固态的岩石在地球内部的压力和温度作用下,发生物质成分的迁移和重结晶,形成新的矿物组合。变质岩的特征主要的有两点:一是岩石重结晶明显,二是岩石具有一定的结构和构造,特别是在一定压力下矿物重结晶形成的片理构造。变质岩和火成岩一般都具结晶结构,但前者往往具有典型的变质矿物,且有些具有片理构造,而后者则无。变质岩和沉积岩相比,区别更加明显,后者具层理构造,常含有生物化石,而前者则无。同时,在沉积岩中除去化学岩和生物化学岩外,一般不具结晶粒状结构,而变质岩则大部分是重结晶的岩石,只是结晶程度有所不同。

鉴别变质岩时,可以先从观察岩石的构造开始。根据构造,首先将变质岩区分为片理构造和块状构造两类,然后可进一步根据片理特征和主要矿物成分分析所属的亚类,确定岩石的名称。

具面理构造的区域变质岩从低级变质到高级的过程中,变质的典型岩石类型依次为板岩、千枚岩、片岩、片麻岩;无(弱)面理构造的区域变质岩的主要岩石类型有长英质粒岩、角闪质岩、麻粒岩、榴辉岩等。例如,有一块具片理构造的岩石,其片理特征既不同于板岩的板状构造,也不同于云母片岩的片状构造,而是一种粒状的浅色矿物与片状的深色矿物断续相间呈条带状分布的片麻构造,因此可以判断,这块岩石属于片麻岩。经分析,浅色的粒状矿物主要是石英和正长石,片状的深色矿物是黑云母;此外,还含有少许的角闪石和石榴子石,可以肯定,这块岩石是花岗片麻岩。

块状构造的变质岩,常见的主要是大理岩和石英岩。两者都是具变晶结构的单矿岩,岩石的颜色一般比较浅。但大理岩主要由方解石组成,硬度低,遇盐酸起泡;而石英岩几乎全部由石英颗粒组成,硬度很高。

2.实习区常见的变质岩

在实习区内见到的变质岩主要为黑云母斜长片麻岩,产出层位为太古界泰山群,距今已有25亿年历史。其主要矿物成分为斜长石、黑云母和少量石英、角闪石,呈花岗变晶结构。矿物颗粒粗大,粒径一般为0.5～1 cm。片麻构造发育,在野外肉眼可观察到黑云母片状矿物作定向排列,被粒状浅色矿物斜长石、石英切割,形成间断性的定向构造。根据黑云母的片理方向测定,大致为南西向230°延伸。片麻岩内"X"形裂隙发育,多被方解石充填,并见有石英脉切穿。据前人研究成果可知,该套片麻岩为负变质岩类,即原岩为沉积岩,经区域变质作用而成。由于在变质作用过程中有岩浆岩的多次侵入,局部花岗岩化严重。

在西西周路线中,可见到灰黑色、灰绿色斜长角闪岩,含普通角闪石65%～85%、斜长石5%～15%、黑云母3%～5%,少量石英、绿帘石、磁铁矿、磷灰石等。普通角闪石呈自形—半自形柱状,粒径为0.2～0.5 mm,部分阳起石化、透闪石化或黑云母化,局部退变为绢云母、绿帘石;斜长石为更长石,半自形扁豆状。斜长角闪岩呈粒状变晶结构,块状微显片理构造,风化后呈薄层状。

实习区动力变质岩主要为构造角砾岩类。构造角砾岩广泛分布于实习区内较大规模的脆性断裂中,角砾占50%～80%,角砾间填隙物占20%～50%;呈角砾结构,块状构造。分布于盖层区的构造角砾岩,角砾多为灰岩、白云岩。碎基中除了含有与角砾成分相同的细小颗粒外,还掺杂泥质和铁质成分。基底区构造角砾岩的角砾间填隙物多为泥砂质成分。部分断裂构成基底和盖层区的分界线,构造角砾岩多发育于盖层部分。

2.2.2 岩浆岩类

1.岩浆岩的鉴别方法

根据岩石的外观特征对岩浆岩进行鉴定时,首先要注意岩石的颜色,其次是岩石的结构和构造,最后分析岩石的主要矿物成分。

(1)先看岩石整体颜色的深浅。岩浆岩颜色的深浅,是岩石所含深色矿物多少的反映。一般来说,从酸性到基性(超基性岩分布很少),深色矿物的含量是逐渐增加的,因而岩石的颜色也随之由浅变深。如果岩石是浅色的,则可能是花岗岩或正长岩等酸性或偏于酸性的岩石。但不论是酸性岩还是基性岩,因产出部位不同,还有深成岩、浅成岩和喷出岩之分,究竟属于哪一种岩石,需要进一步对岩石的结构和构造特征进行分析。

(2)分析岩石的结构和构造。岩浆岩的结构和构造特征,是岩石生成环境的反映。如果岩石是全晶质粗粒、中粒或似斑状结构,说明很可能是深成岩。如果是细粒、微粒或斑状结构,则可能是浅成岩或喷出岩。如果斑晶细小或为玻璃质结构,则为喷出岩。如果具有气孔、杏仁或流纹状构造,则为喷出岩无疑。

(3)分析岩石的主要矿物成分,确定岩石的名称。假定需要鉴别的是一块含有大量石英、颜色浅红、具全晶质中粒结构和块状构造的岩石,分析如下。浅色岩石一般是酸性或偏于酸性的,则排除了基性或偏于基性的不少深色岩石。在酸性的或偏于酸性的岩石中,又有深成的花岗岩和正长岩、浅成的花岗斑岩和正长岩、喷出的流纹岩和粗面岩。由于它是全晶质中粒结构和块状构造,因此可以肯定,是深成岩。但究竟是花岗岩还是正长岩,则需要对岩石的主要矿物成分作仔细分析之后,才能得出结论。在花岗岩和正长岩的矿物组成中,都含有正长石,同时也都含有黑云母和角闪石等深色矿物。但花岗岩属于酸性岩,酸性岩除了含有正长石、黑云母和角闪石外,一般都含有大量的石英。而正长岩属于中性岩,除了含有大量的正长石和少许的黑云母与角闪石外,一般不含石英或仅含有少许的石英。矿物成分的这一重要区别,说明被鉴别的这块岩石是花岗岩。

(4)岩浆岩命名。在肉眼观察和描述的基础上,按照"颜色+结构+(构造)+基本名称"定出岩石名称,如肉红色粗粒花岗岩。喷出岩有时仅用"(颜色)+构造+基本名称"命名,如气孔状玄武岩。

2. 实习区岩浆岩

实习区岩浆活动历史悠久,岩浆活动与区域构造运动密切相关,岩浆活动是构造运动的表现形式之一。根据构造运动旋回性与岩浆活动旋回性之间的对应关系对岩浆活动进行的阶段划分称为岩浆活动分期。根据对露头岩石(包括未变质和已变质的岩浆岩)的研究,可将实习区岩浆侵入活动分为阜平期、五台期、吕梁期、四堡期、加里东期和燕山期等 6 个期次(表 2-2)。这 6 个期次包括了早前寒武纪侵入岩、古生代侵入岩、中生代侵入岩等。其中,鲁西早前寒武纪侵入岩以发育两套 TTG 岩系和钾质花岗岩为特点。TTG 岩系形成于 2 700 ～ 2 600 Ma 的新太古代早、中期,变形变质强烈;钾质花岗岩形成于 2 550 ～ 2 500 Ma 的新太古代晚期,变形变质较弱,原来划为古元古代早期,近几年据测年资料并参考华北陆块同类岩性资料,将其划为新太古代晚期(耿元生等,2010)。新泰地区岩浆喷出活动主要发生在前阜平期和燕山期,相应的喷出岩分别形成泰山群和莱阳群、青山群的部分层位(王世进,1991)。

3. 侵入岩代号

依据《区域地质图图例》(GB/T 958—2015),侵入岩代号有花岗岩类谱系单位代号和侵入岩时代加单位代号(又分为构造旋回期次和地质时代两种)等多种表示方法。

(1)花岗岩类谱系单位代号表示方法:"地质时代 + 超单元或单元地理名称拼音代号"。超单元是时代 + 超单元地理名称前两个汉字汉语拼音首位字母大写正体,字号比地质时代代号小一号,单元代号是首位汉字汉语拼音大写正体。

(2)构造旋回表示方法:"岩性代号(斜体)+ 构造旋回的期、阶段、次",如 γ_5^{3-1a}。

(3)地质时代 + 岩性表示方法:"纪(代)+ 侵入体岩性代号(希腊字母小写斜体)",时代代号字体比岩性代号大一号,如 $K_1\gamma_5^{3-1a}$。依据充分的地质年代可以表示到世,岩性要表示到构造旋回的期、阶段、次。

(4)地质时代和谱系单位相结合的表示方法:考虑到山东侵入岩研究程度较高,全省已详细划分了侵入岩谱系单位,为便于利用有效性和充分反映该成果,侵入岩推荐采用地质时代和谱系单位相结合的表示方法,即"时代 + 岩性 + 序列(超单元)+ 单元"表示方法,其中"时代 + 岩性"表示方法同前,序列(超单元)代号为大写正体,单元代号为小写正体。例如,玲珑序列(超单元)郭家店单元中粗粒二长花岗岩表示为 $J_3\eta\gamma Lg$。

新泰市北部、南部、东部大面积出露太古代、元古代中性—酸性侵入岩,出露面积 808.7 km²,占新泰市面积的 41.6%。参考山东省侵入岩岩石谱系单位划分资料(张增奇等,2014),将实习区侵入岩体分为 21 个单元、6 个超单元(表2-2)。

表 2-2　新泰市侵入岩岩性及分布特征

年代单位				序列	单元	岩性	代号	分布特征
代	纪	世	期					
中生代			燕山晚期 γ_5^3	沂南 K_1Y	铜汉庄	闪长玢岩	$K_1\delta o\mu Yt$	分布于羊流镇、泉沟镇及青云街道低山丘陵区
中元古代			四保期 γ_2^2		牛岚	辉绿岩脉	$Ch\beta\mu n$	分布于羊流镇西北部、龙廷镇东部低山丘陵区
新太古代 Ar_3		晚期	吕梁期 γ_1^3	傲徕山 Ar_3^3A	松山	中粒二长花岗岩	$Ar_3\eta\gamma As$	分布于羊流镇、青云街道、龙廷镇、楼德—禹村镇南部、石莱镇西南部、谷里镇东南部丘陵区
					虎山	斑状中粗粒二长花岗岩	$Ar_3\eta\gamma Ah$	分布于羊流镇东北角、泉沟镇北部、汶南镇北部及南部、龙廷镇西南部
					邱子峪	巨斑状细粒含黑云二长花岗岩	$Ar_3\eta\gamma Aq$	分布于汶南镇东北及北部、龙廷镇东北部丘陵区
					条花峪	弱片麻状中粒含黑云二长花岗岩	$Ar_3\eta\gamma At$	分布于龙廷镇东北部、青云街道东北部、天宝镇南部、果都镇西部、宫里镇南部、石莱镇中部丘陵区以及楼德镇、禹村镇、谷里镇的交汇处
					蒋峪	条带状中粒黑云二长花岗岩	$Ar_3\eta\gamma Aj$	分布于龙廷镇的西南部、新泰北部丘陵区
			五台期 Ar_3^3	峄山 Ar_3^3Y	下西峪	斑状细粒花岗闪长岩	$Ar_3\gamma\delta Yx$	分布于泉沟镇东南部、青云街道西北部丘陵区
					太平顶	片麻状中细粒含黑云花岗闪长岩	$Ar_3\gamma\delta Yt$	青云街道北部、汶南镇西南部、放城镇东北部、岳家庄乡东南部丘陵区
					龟蒙顶	片麻状中粒含黑云花岗闪长岩	$Ar_3\gamma\delta Xg$	分布于汶南镇东北部、青云街道东北部丘陵区以及龙廷镇西南部、南部、中部及北部
				南涝坡 Ar_3^3N	南盐店	细粒变辉长岩（斜长角闪岩）	$Ar_3\nu Nn$	分布于龙廷镇南部、石莱镇东北部丘陵区

年代单位				序列	单元	岩性	代号	分布特征
代	纪	世	期					
新太古代 Ar₃		中期	阜平期 γ_1^3	新甫山 Ar₃²X	任家庄	片麻状中细粒花岗闪长岩	Ar₃γδXr	分布于岳家庄乡东部,刘杜镇东南部,放城镇北部与中部,石莱镇的西南部及其东南部至北部,羊流镇西北部、东北部及中部,泉沟镇由东南至西北,青云街道西部与东北部,龙廷镇东北部,汶南镇东北部、东部与西南部丘陵区
					北官庄	片麻状细粒含黑云奥长花岗岩	Ar₃γoXb	分布于放城西部、西北部,石莱镇东南部、东部、中部及东北部,岳家庄乡西部,刘杜镇西南部,青云街道东北部丘陵区
				泰山 Ar₃¹T	李家楼	中细粒黑云英云闪长质片状岩	Ar₃γδoTl	分布于汶南镇西南部、东都镇西南部、岳家庄乡西部、放城镇北部、石莱镇东南部至北部、刘杜镇西部与中部、谷里镇东部与中部、果都镇北部、羊流镇西部与西南部丘陵区
		早期			西官庄	中粒含黑云角闪英云闪长质片麻岩	Ar₃γδoTx	分布于汶南镇西南部、东都镇南部丘陵区
					望府山	条带状中细粒含黑云英云闪长岩	Ar₃γδoTw	分布于羊流镇中部丘陵区
					贾村	中粒角闪石英闪长质片麻岩	Ar₃γδoTj	分布于天宝镇东北部、果都镇西北部、羊流镇西部丘陵区

　　由于经历多期区域构造运动等原因,实习区新太古代岩浆岩已整体上发生显著变质而成为变质岩(表 2-2),在青云山的实习路线上能见到路边标识牌上写着变花岗岩。新太古代之后形成的岩浆岩,其侵入岩岩石学特征普遍保存良好,因此此处仅对新太古代之后形成的各侵入岩单元和组成青山群部分层位的岩石类型进行介绍。

（1）侵入岩。

① 条带状中粒含黑云母二长花岗岩（蒋峪单元）。

颜色为灰白至肉红色。其含钾长石 32％～45％、斜长石 28％～30％、石英 25％～30％、黑云母 5％～10％，偶见磁铁矿、榍石、磷灰石、锆石及黄铁矿。钾长石呈半自形板柱状，粒径为 3～5 mm。斜长石呈半自形板柱状，粒径为 1～3 mm。石英呈他形粒状，粒径不均，大者为 5～6 mm，小者为 0.5～1 mm。黑云母片状，粒径为 1～2 mm。岩石具花岗结构，以条带状构造为主，局部显弱片麻状构造，属酸性深成侵入岩。

蒋峪单元在实习区东北部出露较广，呈北西向板条状展布，条带倾角 45°～65°，倾向南西，个别南东倾。该单元含较多斜长角闪岩、英云闪长岩、花岗闪长岩、黑云变粒岩等包体，是地壳重熔岩浆分异、结晶产物。

② 弱片麻状中粒含黑云母二长花岗岩（条花峪单元）。

颜色为浅肉红色。其含钾长石 30％～40％、斜长石 25％～35％、石英 30％～35％、黑云母 5％，偶见磷灰石、榍石、锆石、磁铁矿等。长石、石英粒径一般为 2～3 mm。岩石具中粒结构，粗纹弱片麻状构造，属酸性深成侵入岩。

条花峪单元在实习区东北部和西南部均有出露。在实习区东北部，该单元边部常见蒋家峪单元及龟蒙顶单元包体，岩石风化面呈疙瘩状。在实习区南部，该单元围岩主要为蒙山超单元，所含包体岩性主要为斜长角闪岩等，脉岩主要是煌斑岩脉。该单元是地壳重熔岩浆分异、结晶产物。

③ 巨斑状黑云二长花岗岩（邱子峪单元）。

颜色为灰色。其含钾长石斑晶 30％～35％。基质中含钾长石 30％～46％、斜长石 26％～35％、石英 19％～23％、黑云母 8％、角闪石 4％，偶见磁铁矿、磷灰石、锆石等。钾长石斑晶呈自形至半自形，粒径为 15～30 mm。岩石具似斑状结构，弱片麻状构造，基质为中粗粒，属酸性深成侵入岩。

邱子峪单元主要出露于实习区东北部，是地壳重熔岩浆分异、结晶产物。

④ 似斑状二长花岗岩（虎山单元）。

颜色为灰色。其含钾长石斑晶 15％～20％。基质中含钾长石 30％～34％、斜长石 34％～37％、石英 26％、黑云母 5％。钾长石斑晶呈自形至半自形，粒径为 4～10 mm；基质为中粗粒。岩石具似斑状结构，块状构造，属酸性深成侵入岩。

虎山单元主要出露于实习区东北部，是地壳重熔岩浆分异、结晶产物。

⑤ 中粒二长花岗岩(松山单元)。

颜色为浅肉红色。其含钾长石 30％～38％、斜长石 30％～32％、石英 28％～35％、黑云母 2％～3％,偶见磁铁矿、磷灰石、榍石、黄铁矿、锆石等。钾长石呈半自形至他形,斜长石呈半自形,石英呈他形,三者粒径多在 3 mm 左右。岩石具中粒结构,块状构造,属酸性深成侵入岩。

松山单元在实习区东北部和西南部均有出露,是地壳重熔岩浆分异、结晶的产物。

⑥ 辉绿岩(牛岚单元)。

颜色为绿灰色。其含普通辉石 46％、斜长石 44％、普通角闪石 5％、磁铁矿 3％、黑云母 2％,偶见磷灰石、绿帘石等。斜长石呈自形至半自形长板状,普通辉石呈他形粒状,二者粒径范围为 1～3 mm,个别晶体达 4 mm。岩石具辉绿结构,块状构造,属基性浅成侵入岩。

牛岚单元在实习区东部呈数条岩脉出露,脉宽 4～15 m 不等,脉长可超过 100 m。脉体走向北东,倾向不定,倾角 80° 左右,是幔源岩浆分异、结晶产物。

⑦ 粗斑花岗岩(涝南单元)。

颜色为红灰色。斑晶含量约 40％,其中,正长石占 40％,斜长石、石英各占 30％。基质主要由石英、正长石、斜长石组成。斑晶粒径为 6～12 mm,基质粒径约为 0.15 mm。岩石具斑状结构,块状构造,属酸性浅成侵入岩。

涝南单元出露于实习区西南部,多呈长条状脉体,部分呈椭圆状或豆荚状,一般长数百米至上千米,宽几十米,是幔源岩浆分异、结晶产物。

⑧ 闪长玢岩(铜汉庄单元)。

不同岩体之间,岩性有差异。颜色为灰绿色、灰褐色等。其含斜长石 50％～75％、普通角闪石 20％～45％、黑云母 2％～5％,偶见磁铁矿、磷灰石、锆石。斜长石和普通角闪石见于斑晶和基质中:斜长石斑晶为半自形至自形板柱状,基质为半自形至他形柱状、粒状;普通角闪石斑晶和基质为他形至半自形柱状。斑晶的粒径为 1～10 mm,在不同岩体中含量不等,一般为 10％～50％;基质为微粒至中粗粒。岩石具斑状结构至似斑状结构,块状构造,属中性浅成侵入岩。

铜汉庄单元在实习区有多处出露,多呈小岩株,岩床、岩脉状产出。其围岩的最新层位是崮山组,是燕山晚期壳源岩浆分异、结晶产物。

（2）喷出岩（火山熔岩）。

实习区属于环太平洋中新生代火山活动带（Ⅰ级），中国东部中新生代火山岩带（Ⅱ级）中段、沂沭断裂带火山岩带（Ⅲ级）西侧。区内火山熔岩主要见于八亩地组，多属于安山岩和玄武岩类。

① 橄榄辉石玄武岩。

颜色为灰黑色。其含斜长石 65%～67%、普通辉石 15%～20%、橄榄石 10%，次生矿物有蛇纹石、绿泥石、滑石等，含量约为 3%，斑晶为斜长石、辉石、橄榄石，粒径为 1～3 mm。其中，斜长石为自形板状，粒径约为 1 mm；普通辉石自形粒状，粒径一般在 2 mm 左右，最大可达 3 mm。蛇纹石、绿泥石、滑石呈橄榄石假象，是橄榄石的交代蚀变产物。岩石具斑状结构，块状构造。

② 伊丁玄武岩。

颜色为暗紫红色。其含斜长石 65%、斜方辉石 15%、伊丁石 18% 及绿泥石、方解石等 2% 左右。斑晶为斜长石、伊丁石和斜方辉石；斜长石呈宽板状或板柱状，粒径为 3～4 mm；斜方辉石呈暗绿色短柱状，粒径为 2～3 mm；伊丁石呈黄色、片状，可能是由橄榄石或斜方辉石次生变化形成的（岩石中没有发现橄榄石）。岩石局部见有少量气孔，形状不规则，孔壁不圆滑，大小为 3～4 mm，多被后期的绿泥石、碳酸盐等矿物充填。岩石具斑状结构，块状构造或气孔构造。

③ 辉石粗玄岩。

颜色为暗紫红色。其含斜长石 62%、普通辉石 30%、橄榄石 5%，偶见磁铁矿等。斑晶为斜长石、普通辉石、橄榄石，粒径为 2～4 mm；斜长石呈自形板条状晶体，辉石呈自形柱状，橄榄石呈自形柱粒状。岩石具斑状结构，块状构造。

④ 辉石安山岩。

颜色为灰色。其含斜长石 80%、普通辉石 10%～15%、玄武闪石 3%～5% 及少量橄榄石、黑云母等，偶见磁铁矿、磷灰石等。斑晶为斜长石、普通辉石、玄武闪石等，粒径为 0.5～1 mm；斜长石呈半自形至自形板状，粒径约为 0.5 mm；辉石呈自形柱状，粒径为 0.5～2 mm，最大可为 5～10 mm，玄武闪石呈自形柱状。岩石具斑状结构，块状构造。

⑤ 辉石角闪安山岩。

颜色为灰紫色。其含斜长石 78%、普通角闪石 12%、普通辉石 7%，另有磁铁矿、次生矿物、玻璃质等约 3%。斑晶主要为斜长石、普通辉石、普通角闪石。岩石具斑状结构，块状构造。

⑥ 云闪辉安山岩。

颜色为暗紫红色。其含斜长石73%、普通辉石15%、褐闪石8%、黑云母5%，磷灰石、磁铁矿、绿泥石等约2%，斑晶为斜长石、普通辉石、褐闪石和少量黑云母。斜长石呈长板柱状，粒径为3～5 mm，最大可达8 mm；辉石呈短柱状，粒径一般为3～5 mm，最大可达8 mm；褐闪石呈长条柱状，粒径为2～4 mm；黑云母呈片状，粒径一般为2 mm。岩石具斑状结构，块状构造。

⑦ 含方解石辉闪安山岩。

颜色为暗紫色。其含斜长石75%、普通角闪石1%、普通辉石7%、方沸石＞5%，另外含有磷石、磁铁矿、绿泥石、方解石等约3%，斑晶主要为斜长石、普通角闪石、普通辉石等，粒径约为0.5 mm。方沸石呈灰白色，微细颗粒，为后期沿裂隙形成的次生矿物。岩石具斑状结构，块状构造或气孔状、杏仁状构造。

2.2.3　沉积岩类

1.沉积岩的鉴别方法

鉴别沉积岩时，可以先从观察岩石的结构开始，结合岩石的其他特征，先将所属的大类分开，然后再作进一步分析，确定岩石的名称。

从沉积岩的结构特征来看，如果岩石是由碎屑和胶结物两部分组成，或者碎屑颗粒很细而不易与胶结物分辨，但触摸有明显含砂感的，一般是属于碎屑岩类的岩石。如果岩石颗粒十分细密，用放大镜也看不清楚，但断裂面暗淡呈土状，硬度低，触摸有滑腻感的，一般多是黏土类的岩石。具结晶结构的可能是化学岩类。

（1）碎屑岩：鉴别碎屑岩时，可先观察碎屑粒径的大小，其次分析胶结物的性质和碎屑物质的主要矿物成分。根据碎屑的粒径，先区分是砾岩、砂岩还是粉砂岩。根据胶结物的性质和碎屑物质的主要矿物成分，判断所属的亚类，并确定岩石的名称。例如，有一块由碎屑和胶结物质两部分组成的岩石，碎屑粒径为0.25～0.5 mm，加盐酸起泡强烈，说明这块岩石是钙质胶结的中粒砂岩。进一步分析碎屑的主要矿物成分，发现这块岩石除含有大量的石英外，还含有约30%的长石。最后可以确定，这块岩石是钙质中粒长石砂岩。

（2）黏土岩：常见的黏土岩主要有页岩和泥岩两种。它们在外观上都有黏土岩的共同特征，但页岩层理清晰，一般沿层理能分成薄片，风化后呈碎片状，可以与层理不清晰、风化后呈碎块状的泥岩相区别。

（3）化学岩：常见的化学岩主要有灰岩、白云岩和泥灰岩等。它们的外观特征很类似，所不同的主要是方解石、白云石及黏土矿物的含量有差别。所以在鉴别化学岩时，要特别注意对盐酸试剂的反应。灰岩遇盐酸强烈起泡，泥灰岩遇盐酸也起泡，但由于泥灰岩的黏土矿物含量高，所以泡沫混浊，反应后往往留有泥点。白云岩遇盐酸不起泡，或者反应微弱，但当粉碎成粉末之后，则发生显著泡沸现象，并常伴有"咝咝"的响声。

2. 实习区常见的沉积岩

（1）碎屑岩。

① 海绿石石英砂岩主要见于寒武系中统馒头组洪河砂岩段。岩石为灰白色，风化后呈黄褐色，颗粒含量为 80%，主要成分为石英。颗粒粒径一般为 0.1 ～ 0.2 mm，分选性好，磨圆度高。海绿石含量不均，一般为 5% ～ 8%，新鲜面呈深绿色，风化后成黄褐色。在显微镜下观察，部分海绿石作为胶结物的形式出现。胶结物主要为钙质（方解石），加酸后起泡强烈。砂岩中大型交错层理发育，纹层倾角较陡，反映双向水流，水动力条件强，砂层层面上可见不对称波痕。综合分析上述现象，可以认为这套石英砂岩形成于水体较浅潮汐沙坝环境，故砂岩的成分成熟度和结构成熟度都很好。

② 粉砂岩分布较广，主要见于馒头组和石炭系、二叠系及新生代地层中，但是不同环境条件下形成的粉砂岩特征完全不同。馒头组的粉砂岩中含有三叶虫化石和三叶虫觅食、潜穴等遗迹，证明为海相沉积。粉砂岩中夹有薄层灰岩透镜体，层面上白云母碎片富集，并可见羽状交错层理、透镜状层理，反映潮间带的沉积特征。中、新生代的粉砂岩多为红色，泥质含量高，常覆盖在透镜状砂岩或砂砾岩之上，常见楔状交错层理，化石罕见，有时可见少量植物碎屑，是河流相中泛滥平原亚相沉积的结果。

③ 复成分砾岩主要见于三台组砾岩段、官庄组早期的常路组一段地层中。砾石成分复杂，除了石英之外，还有灰岩、粉砂岩、安山岩的碎屑。这些岩石碎屑多来自母岩区和河流流经区。碎屑颗粒大小不一，最大粒径可达 10 cm，最小粒径仅有几毫米，相差悬殊。颗粒多呈棱角、次棱角状，磨圆度差。胶结物多为泥质，比较松散。有时可见叠瓦状排列的砾石，砾岩体多呈透镜体状产出，横向厚度变化较大。它是河道亚相中沉积的最粗岩石类型。

④ 洪积砾岩主要分布在官庄组上部的朱家沟组地层中。碎屑成分虽然单

一,主要为古生界灰岩、白云岩碎屑,但出现倒序现象,即自下而上砾石成分由奥陶系灰岩逐渐过渡为寒武系的竹叶灰岩、鲕粒灰岩、斑状灰岩,甚至可见太古界的片麻岩碎屑。显然,它们是古生代地层被断层作用抬起,遭受物理风化作用破碎、搬运、堆积而成。这种砾岩的分选程度极差,颗粒粒径相差甚大,磨圆程度也很差,而且多被钙质胶结、泥沙充填,岩石致密坚硬,在地貌上形成陡坎,属山麓洪积成因。

⑤ 长石砂岩常见于中生界侏罗系三台组和白垩系水南组中,新生代地层也有分布。其特点是长石含量多,一般为 $40 \sim 50\%$,岩屑含量为 $10 \sim 15\%$,石英含量为 40% 左右,颗粒分选性为中等—较差,泥质胶结。其主要形成于河流、湖泊相,故成分成熟度、结构成熟度均较低。

⑥ 凝灰质砂岩主要见于中生界城山后组,岩石颜色为灰绿色,碎屑颗粒成分以长石为主,次为石英和少量岩屑,凝灰质胶结。它是湖泊沉积的产物,但在沉积过程中受到了火山作用影响,火山灰和火山尘进入了砂岩之中,以胶结物的形式出现。

⑦ 紫红色粉砂质泥(页)岩主要见于寒武系中、下统和中新生代河流相地层中,但是它们的特点不完全相同。寒武系的紫红色页岩,页理较为发育,常夹有薄层鲕粒灰岩、生物碎屑灰岩及泥质白云岩,在纵向剖面上常形成泥岩、灰岩的韵律层,反映地壳振荡频繁,岩石处于氧化干旱的沉积环境之中。中新生界河流相沉积的紫红色泥岩,页理不发育,常与长石砂岩共生,是河流洪泛时期的产物。

⑧ 黄绿色、灰绿色页岩见于中寒武统张夏组,常夹有薄层灰岩透镜体,含有三叶虫化石,为水体相对较深且局限的潮下带沉积。

⑨ 灰黑色泥岩主要见于常路组一、二段。泥岩中含有较多的螺类化石,有机质丰富,是我国东部主要的生油岩类,形成于深湖、半深湖环境。

(2)碳酸盐岩。

① 竹叶状灰岩主要发育在上寒武统崮山组、炒米店组。竹叶状砾石含量一般为 $55\% \sim 60\%$,成分主要为泥晶灰岩碎屑,粒径大小不一,分选性差,磨圆度中等—差,泥晶方解石胶结。有的竹叶砾屑具有氧化圈,表明其形成时曾被抬出水面遭受氧化。竹叶灰岩在地层剖面中常呈透镜体状产出,在横向上厚度变化较快。关于上寒武统竹叶灰岩的成因,前人曾作过研究,主要观点有两种。一种观点认为竹叶灰岩是浅水高能环境下的产物,它是早先形成的泥晶灰岩或

灰泥,被波浪作用或水流冲碎、搅起、再沉积而成,因此竹叶砾屑的粒径大小代表水体的能量。上寒武统炒米店组的竹叶灰岩可能属于这类成因。根据野外观察,该组的竹叶多呈放射状排列,可能是由风暴作用形成的巨大涡流将砾屑搅动、堆积而成。另一种观点认为,泥晶竹叶灰岩可能就是福克所讲的"结构退变"现象,即竹叶灰岩形成于高能条件下,后被水流搬运到较低能的沉积环境中。崮山组的竹叶灰岩可能属于这类成因。它的特点是竹叶砾屑粒径较小,常与砂屑、鲕粒、生物碎屑混合在一起,在垂向上具有典型的粒序层理,层面上可见丘状层理,并与泥晶灰岩共生,竹叶砾屑一般没有氧化圈。

②　大套鲕粒灰岩的出现,是实习区中寒武统张夏组的岩性特征。该组鲕粒灰岩中鲕粒的含量一般大于 65%,粒径一般为 1～2 mm,分选性较好,方解石胶结。鲕粒分布不均,局部较集中,风化后常呈黄褐色。就鲕粒灰岩而言,致密坚硬,在野外往往形成陡坎地貌。关于鲕粒灰岩的形成环境,前人作过详细的研究。有人认为鲕粒的形成受两个因素的控制,一是搬运水流的强度,即能够把作为鲕粒核心的颗粒搬运到成鲕环境中的水流强度;二是成鲕环境中水体的动荡强度。当水体的动荡强度大于水流的搬运强度时,所有的颗粒都将悬浮在水体中,并处于反复运动状态,形成正常鲕。当水体的动荡强度略大于水流的搬运强度时,形成表鲕。当水体的动荡强度小于水流的搬运强度时,就没有鲕粒形成。有学者对巴哈马滩现代鲕粒形成环境观察后指出:鲕粒的同心层数目表示其呈悬浮状态的次数,鲕粒同心层壳的厚度可以指示反复悬浮沉积过程的时间长短。潮汐沙坝和潮汐三角洲地区是形成鲕粒的理想环境。一般来说,泥晶鲕粒灰岩形成于低能的潮下带或局限海,亮晶鲕粒灰岩形成于高能的潮间带或潮下带上部。

③　泥晶灰岩、微晶灰岩主要由泥晶方解石组成,由于方解石晶粒细小,肉眼难以区分,故有时也称隐晶灰岩,主要形成在潮下低能带。泥晶灰岩沉积后,进入成岩作用阶段,经重结晶作用形成各种晶粒灰岩,如微晶灰岩、细晶灰岩、中晶灰岩。

④　燧石条带灰岩主要见于馒头组下部地层中。燧石条带宽窄不一,多呈黑色或灰黑色,顺层产出。自下而上,硅质成分减少者形成结核状。一般来讲,原生硅质沉积代表水体相对较深的冷水条件,可能为低能的局限海或潮下低能带沉积。

⑤　泥质条带灰岩(疙瘩状灰岩、瘤状灰岩)主要见于上寒武统崮山组、炒米

店组中。泥质条带为土黄色,是低能静水条件下沉积的标志,应属局限海或潮下低能带。

⑥ 豹斑灰岩见于张夏组上段和马家沟组,豹斑多呈黄褐色,加酸溶解后有较多的泥质残余,并含有白云质,现多称之为云泥斑灰岩或云斑灰岩。豹斑往往在层面上突起,反映其抗风化性比方解石较强。关于豹斑灰岩的成因,一般认为它与白云岩化作用有关,即原岩为泥质灰岩,由于泥质(黏土矿物)颗粒微小,表面吸附能力强,往往吸附镁离子而产生白云岩化,形成泥质云斑;但是就其原岩的沉积环境而言,应为低能局限条件下的沉积产物。

⑦ 白云质灰岩主要见于三山子组中下部,岩石风化后呈灰褐色,表面见刀砍纹,加酸后起泡程度较差。若岩石中白云质成分高于方解石的含量,则向白云岩过渡,加酸起泡程度更差。它的原岩应为泥晶灰岩类。

⑧ 柱状叠层石白云岩、叠层灰岩主要见于炒米店组。这种柱状叠层石由"隐生藻"兰绿藻所组成,它是一种单细胞低等植物的遗迹化石。在层面上看呈圆形、椭圆形和不规则形状,可见清楚的同心层,在剖面上看应为较粗的柱状、锥形藻叠层。它具有一定的抗浪性。炒米店组的藻白云岩晶体较粗,根据结构特征应为次生白云岩,原岩仍为灰岩类,可能形成在潮间至潮下带。

⑨ 竹叶状白云岩主要见于三山子组,竹叶砾屑的粒径较小,多呈顺层排列,也有杂乱状排列者。其主要成分为白云石,胶结物也如此。这套竹叶白云岩为白云岩化作用的产物,原岩为竹叶灰岩,形成于较高能的潮间带。

⑩ 含燧石结核白云岩主要见于朱砂洞组和马家沟群五阳山组。朱砂洞组含燧石结核灰岩呈灰黑色厚层状,燧石多为椭圆状,部分为不规则状,可具同心纹层。五阳山组含燧石结核灰岩呈深灰色层状,燧石形状极不规则,燧石含钙质,呈白色—灰白色。它的原岩为燧石结核灰岩,形成于潮下低能带。

⑪ 球状藻礁灰岩发育在张夏组上灰岩段,为生物礁滩环境。藻礁顶面呈球形,断面呈扇形;礁体直径为 0.1～2.0 m,主要为 0.3～0.6 m,主要成分为泥晶方解石组成,含少量白云石、黏土矿物;细晶方解石胶结,个别礁体顶端发育白云质岩墙(脉),礁体之间充填物为砂屑、生物碎屑等。

⑫ 生物碎屑灰岩由生物碎屑组成,并由亮晶方解石胶结,常含有砂屑、粉屑,形成于滨海、浅海近岸带的高能环境。寒武系生物碎屑灰岩含三叶虫碎屑,奥陶系生物碎屑灰岩含头足类、鹦鹉螺类、腹足类碎屑,石炭系生物碎屑灰岩含珊瑚、腕足类碎屑。

2.3　实习区地质构造

按照原山东省国土资源厅于 2014 年印发的《山东省地层侵入岩构造单元划分方案的通知》,实习区大地构造位于华北板块(Ⅰ)、鲁西隆起区(Ⅱ)、鲁中隆起(Ⅲ)中的蒙山—蒙阴断隆(Ⅳ)内的次级构造单元(新汶凹陷、蒙阴凹陷)。新汶凹陷、蒙阴凹陷特征与鲁西隆起相一致,表现为"北断南超",北部被新泰—垛庄大断裂切割,南部超覆于太古代古老变质岩系上(图 2-15)。

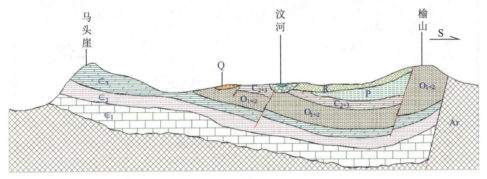

图 2-15　新汶盆地地层发育简图

新泰市在区域构造上以断裂为主,由于受泰山、喜马拉雅山、燕山期造山运动影响,形成沂沭西翼扫帚状大断裂,构成三条北西向的弧形断裂带。实习区的蒙阴盆地按规模大小可分为三级:最大一级断裂为新泰—垛庄大断裂(图 2-16),断裂切穿基底,为地壳断裂,其活动和演变控制了蒙阴盆地的形成和发展;第二级断裂(如东都—马头庄断层、羊流店断层)构成盆地发展的边界或煤田边界,一般十几千米,为盖层断裂;第三级断裂为一般断层,如山后村—碗窑头断层、北角峪—郭家泉断层、程家楼断层,规模较小,构成各采煤区的边界,也为盖层断裂,受第一、二级断裂控制和影响。

第二、三级断裂的方向主要为北东—南西向,绝大部分为正断层(图 2-16)。某些断层(如程家楼断层)在地表显示为逆断层性质,因断层面的弯曲,在深部可能表现为正断层。这些断层切割了一级断裂(新泰—垛庄大断裂),将其错断。由此可见,第一级大断裂是早期形成(加里东运动时期)且长期发育的,第二、三级断裂形成较晚(燕山期)。

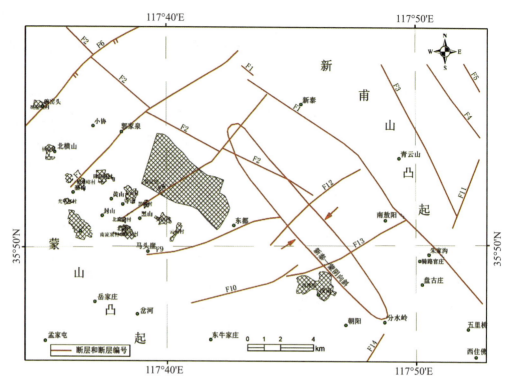

图 2-16　实习区构造纲要图

新汶—蒙阴地区与鲁西隆起一样,褶皱不发育,主要表现为单斜,岩层产状变化不大。仅在南部单斜背景上出现两个小型褶皱(寺山庄背斜和法云山背斜),呈短轴或穹窿状,都分布在寒武纪地层中。其成因可能与中生代燕山期岩浆活动及升降运动有关。

以断裂(张性正断层)为主的特征说明,该区岩石可塑性较差,在外力作用下表现为脆性变形。一方面是因为该区主要为古生界厚层状碳酸盐岩(可塑性较大的黏土岩较少);另一方面以构造运动为主的应力场主要为张力和张扭力,特别是该区与鲁西隆起在中生代以来一同表现为上升隆起,因而产生一系列断裂变动。

在新汶盆地南部,可见小规模的、孤立的、轴向不明显的褶皱构造。从盆地的形成背景看,它处于鲁西旋转构造区内,是在郯庐断裂左旋运动时开始形成的,为鲁西隆起、鲁中隆断区、新蒙断块束的一部分。

该实习区的基底为前寒武纪结晶岩,盖层为寒武纪及其后不同地质时期的地层(图 2-16)。区内盖层构造以断裂为主,褶皱次之。另外,由于地壳抬升,岩层中节理发育。

2.3.1　节理构造

节理:岩石受应力作用形成的破裂面或裂纹,称为节理。它是破裂面两侧的岩石没有发生明显位移的一种构造。

实习区内节理构造可按其性质分为构造节理和表生节理等。构造节理是岩石受地壳构造应力作用产生的,这类节理具有明显的方向性和规律性,与褶皱、断层及区域性地质构造有着密切的联系。

构造节理分为张节理和剪节理。

(1)张节理:在垂直于主张应力方向上发生张裂而形成的节理,叫张节理。张节理大多发育在脆性岩石中,尤其在褶皱转折端等张拉应力集中的部位最发育。它主要有以下特征:裂口是张开的,剖面呈上宽下窄的楔形,常被后期物质或岩脉填充;节理面粗糙不平,一般无滑动擦痕和摩擦镜面;产状不稳定,沿其走向和倾向都延伸不远;在砾岩或砂岩中发育的张节理常常绕过砾石、结核或粗砂粒,其张裂面明显凹凸不平或弯曲;张节理追踪 X 型剪节理发育呈锯齿状。在新泰—垛庄大断裂带上可观察到大量的张节理。

(2)剪节理:岩石受剪应力作用发生剪切破裂而形成的节理,它一般在与最大主应力呈 45° 夹角的平面上产生,且共轭出现,呈 X 状交叉,构成 X 型剪节理,因此剪节理成为区域构造应力场分析的标志之一。它具有以下特征:剪节理的裂口是闭合的,节理面平直而光滑,常见滑动擦痕和磨光镜面;剪节理的产状稳定,沿其走向和倾向可延伸很远;在砾岩或砂岩中发育的剪节理常切砾石、砂粒、结核和岩脉,而不改变其方向;剪节理的发育密度较大,节理间距小且具有等间距性,在软弱薄层岩石中常常密集成带出现。在马头崖路线馒头组石店段的灰岩中可观察到剪节理。

表生节理,又称风化节理、非构造节理,是岩石受外动力地质作用(风、水、生物等)产生的,如由风化作用产生的风化裂隙。这类节理在空间分布上常局限于地表浅部岩石中,对地下水的活动及工程建设有较大的影响。在实习区灰岩和白云岩地层中表生节理十分发育。

实习区是一个缺水严重的区域,张节理为地下水提供了储存空间,成为寻找地下水的一种标志。节理也是构造运动的一种表现,建立节理的分期与配套对于恢复应力场的分布有重要的指示意义,学会观察节理也是实习的重要内容。因此,需要根据工作目的来选择合适的观察点进行节理统计。

1. 观察点和观测内容的选择

野外观察点是根据所要解决的问题选定的。每一观测点范围视节理的发育情况而定,一般要求几十条节理可供观测,而且最好将观测点布置在既有平面又有剖面的露头上,以利于全面研究节理。一般按以下内容观测节理。

(1)节理所在岩层的时代、岩性和产状。

(2)节理所在的构造部位,与大构造(褶皱、断层)的关系。

(3)节理的特征(平直、弯曲、光滑、粗糙、宽窄变化等)及其充填物特征。

(4)节理的组合和排列形式(共轭、平行、斜列、羽列、追踪等)。

(5)节理空间展布特征、几何形态、密度及节理间隙宽度、规律性。

(6)节理的尾端变化(折尾、菱形结环、节理叉、树枝状、杏仁状等)。

(7)节理的错动方向,判断节理的性质(张节理或剪节理)。

(8)节理的充水情况。

在选定地点内,对所有节理产状进行系统测量。其测定方法和岩层产状要素测定方法一样。

2. 编制和分析节理玫瑰花图

节理走向玫瑰花图的制作,首先进行资料的整理,将野外测得的节理走向换算成北东和北西方向,按其走向方位角的一定间隔分组。分组间隔大小依作图要求及地质情况而定,一般采用 5° 或 10° 为一间隔,如分成 0° ～ 10°、11° ～ 20°、21° ～ 30°;然后统计每组的节理数目,计算每组节理平均走向,如 0° ～ 10° 组内,有走向为 6°、5°、4° 的 3 条节理,则其平均走向为 5°。

把统计整理好的数值填入表中。根据作图的大小和各组节理数目,选取一定长度的线段代表一条节理,然后以等于或稍大于按比例表示的数目最多的那一组节理的线段长度为半径作半圆,过圆心作南北线及东西线,在圆周上标明方位角。

从 0° ～ 10° 一组开始,顺次按各组平均走向方位角在半圆周上作一记号,再从圆心向圆周上该点的半径方向,按该组节理数目和所定比例尺定出一点,此点即代表该组节理平均走向和节理数目。各组的点确定后,顺次将相邻组的点连线。如其中某组节理为零,则连线回到圆心,然后再从圆心引出与下一组相连,最后写上图名和比例尺(图 2-17)。

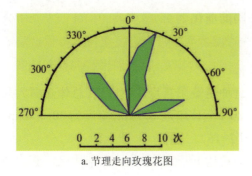

a. 节理走向玫瑰花图

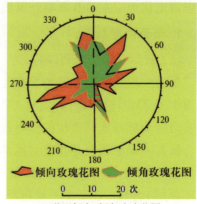

b. 节理倾向、倾角玫瑰花图

图 2-17　节理玫瑰花图

3. 节理的分期和配套

（1）节理的分期。

① 根据节理之间的相互关系分期：切割错开、限制中止、相互切割等。

② 根据节理与成矿的关系分期：成矿前的节理多被矿体、矿脉、侵入体、岩脉利用、充填，成矿后的节理常常切过矿体、侵入体而自身未受矿化。

（2）节理的配套。

节理的配套是将同一应力场作用下产生的有成因联系的几组不同性质的节理，配合成为一套节理系统，研究其与大构造的关系，以便恢复古应力场。

同一应力作用下形成的同一套节理，可利用如下的分析方法进行配套。

① 相互交错、切割。

② 两组共轭剪节理性质相同，旋向相反。

③ 各组节理的延伸方向可与节理尾端的尾叉、菱形结环相对应。

④ 雁列节理、羽状节理的排列方式和性质与共轭节理的方位及性质相对应。

⑤ 追踪张节理方向与共轭剪节理的锐角角平分线相一致，代表主压应力的方位。

2.3.2　断裂构造

实习区内断裂构造可按其断裂面走向分为北西向断裂和北东向断裂等。北西向断裂是实习区的主要断裂构造，其规模大、活动历史较悠久，控制并改

造中新生代地层发育和新泰—蒙阴凹陷的演化。

1. 北西向断裂

（1）新泰—垛庄断裂（F1）。

新泰—垛庄断裂经过新泰市北部延伸至蒙阴县垛庄镇一带，总体走向为北西 300°～330°，倾向南西，侧角 45°～80°；全长超过 100 km，宽度为 30～40 m，是实习区北部基底和盖层的分界线（图 2-16）。

新泰—垛庄断裂是新汶盆地形成的控盆断层，位于盆地北部边缘。断裂活动始于中生代，在燕山运动时，被一些后期形成的二、三级断层（如磁窑头、马头庄断层）切割。在新泰—垛庄断裂周围还存在一些微小分支断层。整个断裂带走向为 290°～330°，倾角多为 60°，断层面倾向南西，北东盘为上升盘，属于高角度正断层。到始新世-渐新世又活动，在平面上看，它为弧形大断裂，断裂性质及活动特点在不同的地段表现各不相同，且活动强度也不一样，大体上以新泰为转折点分成两段，东段走向为北西—南东向，断层活动强度大，冲积扇的规模也较大；西段近东西向，断层活动强度较小。边断边沉积，控制了官庄组的沉积，逐渐形成了盆地"北断南超"的格局。

在实习区内西西周和青云山西南侧等处，该断裂出露较好，断裂带内发育碎裂岩、断层泥、构造透镜体及构造劈理等。

（2）杨家庄—林后断裂（F2）。

杨家庄—林后断裂隐伏于实习区偏西北部的杨家庄至林后一带（图 2-16），长度约为 30 km，走向为北西 300°，倾向南西，倾角为 75°，为高角度正断层。断层本部落差大（240 m），东部落差小（5～110 m）。该断裂形成于古近纪。

2. 北东向断裂

（1）山后村—碗窑头断裂（F6）。

山后村—碗窑头断裂位于光明水库西、山后村至碗窑头一带（图 2-16），长度为 12 km，走向为北东 53°，倾向南东，倾角为 80°；右行张扭正断特征。该断裂多被第四系覆盖，地表出露长度约为 4 km，落差为 50～100 m，具 1～5 m 宽的灰岩或白云岩构造角砾。隐伏地段切割了隐伏的杨家庄—林后断裂；对于地表出露部分，南部两盘岩性均为寒武系岩层，北部两盘岩性均为奥陶系岩层。

（2）柏角峪—郭家泉断裂（F7）。

柏角峪—郭家泉断裂位于光明水库东、柏角峪至郭家泉一带（图 2-16），长度为 5.5 km，走向为北东 35°，倾向南东，倾角 70°，具左行张扭正断特征。断裂两盘均为奥陶系岩层,带内具 0.8~15 m 的灰岩构造角砾。郭家泉以北被第四系覆盖。

（3）北流泉—公岭庄断裂（F8）。

北流泉—公岭庄断裂位于北流泉至公岭庄一带（图 2-16）,长度为 12 km,走向为 50°,倾向南东,倾角 85°。断面呈舒缓波状,具 3 m 宽的挤压破碎带,带内岩石呈粉状、泥状,颜色较杂,为右行压扭性质。除南部两盘岩性为崮山组灰岩外,北部露头全为奥陶系岩石。

（4）平岭庄—南岭断裂（F9）。

平岭庄—南岭断裂位于平岭庄至南岭一带（图 2-16）,长度约为 6.5 km,地表出露长度为 4.5 km,总走向为北东 60°~75°,倾向南东,倾角为 60°。地表见 1.5 m 宽的灰岩构造角砾,具右行张扭正断特征。落差为 175 m,水平错距为100 m。断裂两侧局部为奥陶系灰岩,其余为寒武系灰岩。

（5）祝富庄—赵家沟断裂（F10）。

祝富庄—赵家沟断裂位于祝富庄水库至赵家沟水库一带（图 2-16）,长度为 5.5 km,走向为 75°,倾向南东,倾角为 75°,具右行张扭特征。南西段切割了闪长玢岩脉,东段切穿了寒武系、奥陶系岩层。

2.3.3　褶皱构造

实习区褶皱构造不太发育,除新泰—蒙阴向斜之外,均为局部性的小规模褶皱。

（1）新泰—蒙阴向斜。

新泰—蒙阴向斜又称为新（泰）—蒙（阴）盆地。其北以新泰—垛庄断裂为界,南达新泰市刘杜、盘车沟及蒙阴县前城子一线;北西宽、南东窄,长度约为 75 km,平均宽度约为 5 km,是一"北断南超"的中新生代单断凹陷（图 2-18）。向斜北部南部近边界线处地层出露良好,整体呈北—北东倾向,倾角较缓。

在中生代,新（泰）—蒙（阴）盆地经历了侏罗纪坳陷盆地发育阶段和早白垩世坳陷—裂陷阶段。在沉积过程中,形成侏罗纪湖相红色碎屑岩建造,早白垩世早期滨浅湖—半深湖相灰绿色细粒碎屑岩沉积,早白垩世中期河湖相碎屑岩类夹火山碎屑岩类沉积,早白垩世晚期中基性火山熔岩、火山碎屑岩组合。在侏罗纪和早白垩世早期皆偏于西北部,此后向东南部迁移。在晚白垩世,盆地处于风化剥蚀阶段。在古近纪,受新生太平洋板块向亚洲大陆下俯冲影响,盆地又处于坳陷—裂陷阶段,相应形成山间河湖相—山麓堆积相类磨拉石建造。在古近纪末期,该盆地整体隆起,处于长期风化剥蚀状态（李三忠等,2005）。

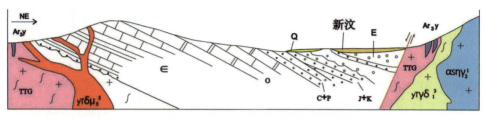

图 2-18　新泰—蒙阴向斜结构横剖面图

（2）寺山庄背斜。

该背斜位于新汶办事处寺山庄水库一带，为长宽相近（约 500 m）的小型穹窿构造。其核部为崮山组岩层，两翼为炒米店组灰岩和三山子组白云岩。该背斜顶部已风化剥蚀成负地形，并积水成水库（图 2-19）。

（3）北流泉向斜。

该向斜位于刘杜镇北流泉村后，长约 800 m、宽约 600 m，核部为三山子组白云岩。

（4）法云山背斜。

该背斜位于光明水库东侧法云山南部。背斜轴部走向近东西，长约 300 m，核部出露宽度约 150 m。其核部为张夏组下灰岩段鲕粒灰岩，翼部为张夏组盘车沟页岩段、上灰岩段和崮山组、炒米店组岩石（图 2-20）。

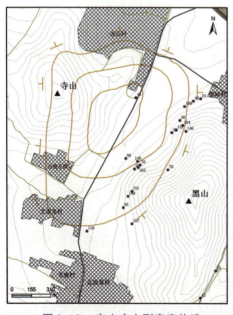

图 2-19　寺山庄小型穹窿构造

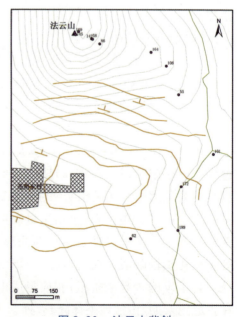

图 2-20　法云山背斜

2.4　地貌、水文与地质灾害

2.4.1　实习区地貌特征

新泰市地处蒙山北坡串珠状低山丘陵与新甫山(又称莲花山)至孟良崮中低山区之间,地势自东向西倾斜,南、北、东三面环山,中部和西部为平原,形如坐东向西的簸箕。境内山脉呈东南至西北走向,共有大小山峰396座,主要山脉有北部的新甫山、莲花山、徂徕山,东接沂山,属泰山支脉;中部的黄山,南部的白马山、太平山,中南部山脉均属蒙山余脉。境内最高点为北部的莲花山,海拔超过994 m;西部山间平原海拔不低于110 m。

新泰市地貌形态有中山、低山、丘陵和山间平原4种类型,按地貌成因又可划分为7个亚类(表2-3,图1-1)。

表 2-3　新泰市地貌分区表

地貌形态分区	地貌成因分区
中山	强切割构造侵蚀中山
低山	侵蚀溶蚀低山
	中切割构造侵蚀低山
丘陵	剥蚀溶蚀丘陵
	弱切割构造侵蚀丘陵
山间平原	剥蚀堆积平原
	堆积平原

1. 堆积平原

堆积平原分布于山间谷地、河谷两侧,多呈条带状或小型扇状。岩性为黏质砂土、砂质黏土夹砾石、碎石,仅沿现代河床有薄层冲积砂层分布,地形坡度一般小于5°。

2. 剥蚀堆积平原

剥蚀堆积平原分布于新泰市丘陵山前地带。其地面标高100～300 m,切割深度30～100 m,由中、新生代的砂岩、砾岩、泥岩、页岩组成。由于剥蚀作用强烈,顶部大部分为平台,台面向盆地倾斜,前缘逐渐被堆积物所覆盖,形成

许多孤丘及低矮丘陵。该地段风化层较厚,第四系松散堆积物较发育。

3.侵蚀溶蚀低山

侵蚀溶蚀低山分布于新泰市刘杜镇—东都镇—汶南镇西南低山区,地面标高为 200 ~ 400 m,切割深度一般小于 200 m。山体岩性主要为寒武系灰岩、白云质灰岩及页岩,以单面山地形为主。顺岩层倾向坡度平缓,坡角为 5° ~ 15°,逆岩层倾向坡角大,一般坡度为 20° ~ 30°。

4.剥蚀溶蚀丘陵

剥蚀溶蚀丘陵主要分布于新泰市中部,地面标高 100 ~ 300 m,切割深度 10 ~ 100 m,主要由奥陶系灰岩组成。地表、地下岩溶发育,地表可见溶沟、溶槽、溶洞等岩溶地貌景观。

5.弱切割构造侵蚀丘陵

弱切割构造侵蚀丘陵在新泰市广泛分布,地面标高 200 ~ 600 m,切割深度一般小于 200 m,主要岩性为太古代、元古代花岗岩及闪长岩。由于长期构造侵蚀作用,坡度较缓,一般为 10° ~ 15°。

6.中切割构造侵蚀低山

中切割构造侵蚀低山分布在新泰市东部及北部,地面标高 200 ~ 600 m,切割深度一般小于 200 m,山体主要岩性为太古代、元古代花岗岩及闪长岩,由于长期构造侵蚀作用形成起伏连绵的低矮山峦,向东及东南倾斜,坡度为 20° ~ 45°。

7.强切割构造侵蚀中山

强切割构造侵蚀中山主要分布于新泰市北部莲花山一带,山体主要岩性为太古代、元古代花岗岩及闪长岩,基岩裸露,山势陡峻,地形坡度大于 45°,山顶呈锯齿状。自古近纪以来,一直处于缓慢上升阶段,侵蚀作用较强,绝对标高一般为 600 ~ 900 m,切割深度为 400 ~ 600 m,地形起伏大,流水作用强烈,V 型沟谷发育,谷底偶见卵砾石堆积。

2.4.2　地表水文

柴汶河是新泰市内最大的河流,自东向西横贯全境。柴汶河位于新浦凸起和蒙山凸起之间的低洼地带,有发源于两侧山地的多条支流汇入。柴汶河季节性强,夏季河水暴涨,春季常干涸断流。1918 年特大暴雨时期最大洪峰流量曾为 4 900 m^3/s。该河为沙河底,河水含泥沙量大,年均输沙量 368 000 t,年均流量 6.82 m^3/s。为防止河流泛滥,增加防洪抗灾能力,在支流上中游新泰市境内修建了多座防洪兼农业灌溉水库。实习区常见的大中型水库有光明水库、青云山水库、金斗水库,东周水库、西西周水库等,还有很多小型水库。光明水库、西西周水库由于库底穿越断层带,修建后漏水严重,目前已经维修,消除了严重漏水现象。

2.4.3　地质灾害

实习区的主要地质灾害有崩塌、滑坡、泥石流,地面塌陷,地面沉降,水库渗漏。

1. 崩塌、滑坡、泥石流

崩塌、滑坡、泥石流地质灾害点分布于新泰市北部、东部和南部的中低山、丘陵区,岩性主要为新太古代、古元古代花岗岩及闪长岩类,其次为灰岩,这些岩体表生节理发育,地形坡度较大,为崩塌和滑坡创造了条件。灰岩体崩塌位于青云街道办事处下军寨东部榆山西坡、龙廷镇下演马庄村北部凤凰山。崩塌点所处微地貌均为岱崮形丘陵,山体岩性均为寒武系张夏组石灰岩,下伏馒头组页岩、古元古代松山单元花岗岩。在野外踏勘路线上,馒头组、张夏组、崮山组地层中由于存在泥页岩和页岩等软弱岩层,这些地质灾害现象容易发生。在新泰—垛庄大断裂附近,断层面陡峭,山体被断层和节理切割,岩石破碎,崩塌时有发生,在实习期间学生进行野外观察时应强调安全。

2. 地面塌陷

地面塌陷分为采空塌陷、岩溶塌陷和第四系塌陷。采空塌陷主要分布在新泰市中部山间平原煤矿采空区,人类地下开采活动强度大,地层为古生界石炭系、二叠系煤系及第四系。岩溶塌陷分布在新泰市北部翟镇王家寨村、泉沟镇河山子村、果都镇王家庄—梁家庄—马家庄,地层岩性为上覆第四系、下伏古近系官庄群朱家沟组砾岩,而在新泰市西部宫里镇马家庄、西部禹村镇中杜村,为上覆第四系、下伏奥陶系灰岩的地层结构。第四系塌陷分布在新泰市泉沟镇河山子村,诱发因素为过量抽取地下水。实习路线中的横山村地面塌陷区现已采用分级填土得到修复,形成农田。

3. 地面沉降

新泰市小协镇碗窑头村西部位于新汶盆地的西边界断裂带上,较大范围集中发生房屋裂缝。这是断裂带岩石破碎,在房屋的荷载作用下地面发生了不均匀沉降所致。此外,实习区是缺水严重的区域,当地抽取地下水灌溉农田,过量开采地下水造成地面沉降。

4. 水库渗漏

西西周水库(四清水库)位于断裂带上,水库底部第四系地层较薄,隔水层并未完全形成,蓄水后易发生漏水,造成水库失效。

🔍 思考题

(1) 实习区出露的地层层序是什么? 主要地层的岩性有什么特点?

(2) 实习区缺失地层的主要原因是什么?

(3) 简述实习区主要的岩石类型与野外鉴定方法。

(4) 简述实习区的主要构造类型与形成原因。

(5) 节理构造对地下水和工程建设有哪些影响?

(6) 简述断层对工程建设的影响。

第3章 新泰地区地质发展简史

内容提要 本章主要介绍山东省与鲁西南地区的构造演化、实习区的地质演化历史、实习区各地质时期主要的沉积环境与沉积相以及古地理环境变迁，帮助学生理解各种岩性的形成原因。

3.1 山东省地质构造演化

地球经历了 46 亿年漫长的演化历程,形成了现今海洋、大陆分异的复杂地质状态。其演化的基本特征包括演化历史的长期性和阶段性,物质组成和结构构造在时空尺度上的不均一性和非均变性,地球动力系统的复杂性,地质构造作用的多阶段、多类型、多成因、多级序性。中国大陆是欧亚大陆的重要组成部分,是全球构造演化的产物。中国现代大陆是由几个主要陆核经过漫长地质时期的发展、演化、拼接和改造后形成的,地质构造复杂,发展演化历史悠久,但地质构造演化具有明显的阶段性或多旋回性特点。

山东省位于中国大陆的东部,大地构造演化具有与中国大陆相似的阶段性演化特点。通过对沉积建造、岩浆活动、构造变动等形成背景的研究,结合区域对比,将山东省构造演化大致分为 4 个演化阶段:早前寒武纪为不成熟陆壳向成熟陆壳转化和陆块碰撞拼合阶段,陆核、微陆块逐渐形成,伴随着华北各微陆块之间发生的碰撞拼合,构造岩浆活动强烈,地壳由不成熟的过渡型地壳演化为成熟的花岗质地壳,花岗岩由英云闪长岩—奥长花岗岩—花岗闪长岩(TTG)组合演化为花岗闪长岩—二长花岗岩(GMS)组合,基底固结并逐渐克拉通化,至古元古代末的吕梁运动后(1 800 Ma)基底固结,形成现在华北克拉通的基本格局;中、新元古代分别属华北克拉通和大别—苏鲁造山带的组成部分,经历了大陆裂解与聚合的演化过程;从中元古代至古生代期间发育稳定的沉积盖层,地块内部只有差异升降运动,基本没有发生造山运动(宋明春,2009)。古生代为海陆变迁阶段,是中国现代意义上的板块构造形成和剧烈演化期,山东构造演化受华北板块与扬子板块、西伯利亚板块对接碰撞影响,古生代处于华北陆表海盆地、华北板块东南缘被动大陆边缘和大别—苏鲁裂谷环境,经历了由海相沉积—陆相沉积转化的海陆变迁演化:在中、晚寒武世-早奥陶世期间发育了一套厚度和岩相均一的陆表海沉积;中奥陶世-早石炭世期间地块主体处于隆起剥蚀状态;晚石炭世-二叠纪主体上处于准平原化阶段,发育了一套分布广泛的海陆交互相—河湖相沉积。中、新生代为构造体制转折和岩石圈减薄阶段,山东大陆地壳中生代早期受华北板块与扬子板块碰撞作用制约,表现为挤压构造体制,中生代中晚期受太平洋板块向欧亚板块俯冲作用制约,构造体制转换为以伸展为主。在渤海湾、松辽等地区发育了一系列北东—北北东向张性断陷盆地,中—基性岩浆活动比较强烈。中新生代构造单元可划归滨太平洋构造域(李三忠等,2009)。在基底构造单元的基础上形成了若干受伸展构造体制控制的隆起、盆地和凸起、凹陷等上叠构造单元。中、新生代经历了早中生代的挤压改造、晚白垩世至中渐新世的拉张聚敛、中渐新世至早上新世的扩张断陷和晚上新世至全新世的俯冲沉降的大地构造演化过程。

根据沉积和建造、构造变形、变质作用、岩浆活动、同位素年龄测定及其与周缘区域构造的对比,将鲁西乃至整个华北地区的构造发展史大体划分为三大阶段:前震旦纪基底的形成与变形阶段,震旦纪、古生代相对稳定阶段,中新生代旋扭应力场发育形成断陷阶段。

1. 前震旦纪基底的形成与变形阶段

鲁西同华北其他地区基本一致,其基底形成于太古代。泰山群为一套巨厚的砂质、钙泥质沉积和砂泥质基性火山岩的建造。经泰山运动北东向强烈挤压,发生区域变质(变质年代为 24.5 ± 0.5 亿年);又经晚太古代两期混合岩化作用(第一期为 22.3 ± 0.3 亿年,第二期为 20 ± 0.5 亿年),变成一套中、深变质的片麻岩系,片理走向北西。泰山运动遗留的构造形迹主要为一系列北西向倒转的紧密线性褶皱,同时形成一系列北西向的压性断裂,形成了大量的基性角闪岩和花岗片麻岩质的侵入岩体,岩体走向为北西西、北西向。

中元古代至晚元古代,基底上升降起,遭受了长期的风化剥蚀,并使基底发生了准平原化。尽管如此,基底的地形仍然是高低起伏的。在馒头组沉积时,泰山和蒙阴垛庄一带即为相对的低凹处,接受了 300 m 左右的沉积;而莱芜一带沉积较薄,为 80 m 左右(耿科等,2014)。

2. 震旦纪、古生代相对稳定阶段

震旦纪至古生代末,鲁西和华北其他地区一样,经历了几次大的升降运动。此时,沂沭断裂带的昌邑—大店断裂开始运动,形成所谓的"沂沭海峡"。震旦纪初,海水从南沿沂沭海峡侵入,仅在沂沭断裂带和枣庄一带沉积了一套浅海砂岩、碳酸盐岩地层。震旦纪末,地壳又再次抬升,成为陆地。

早寒武世馒头期,鲁西古陆整体下降,基底北高南低,海水大面积浸没,沉积了寒武纪至中奥陶世的一套碳酸盐岩为主的海相地层。加里东运动期间升降频繁,形成 3 个大旋回、12 个小韵律;经历了下奥陶统与中奥陶统间的怀远运动。怀远运动在枣庄、泗水、蒙阴、莒县、嘉祥一带表现明显,造成了沉积间断。中奥陶世整个华北地区下降幅度较大,沉积了厚度超过 800 m 较纯的浅海台地相碳酸盐岩地层。此后,鲁西南随华北整体上升,长期遭受风化剥蚀,缺失上奥陶统、志留系、泥盆系、下石炭统。直至晚石炭世海西期才又下降,接受了下石炭和三叠纪海陆交互相沉积。中奥陶世后的长期风化剥蚀,使古风化壳顶面以下 500 m 左右的碳酸盐岩普遍发育了喀斯特化,形成了良好的储集空间。

3. 中新生代旋扭应力场发育形成断陷阶段

该区自中生代以来,地壳运动特点与中生代前截然不同。此时的地壳运动强度增大,活动频繁。构造变形特点以断裂为主,导致断陷盆地发育,鲁西现今构造面貌主要受南北直扭应力控制,枣庄一带则主要受南北向挤压应力作用的影响。新生代地壳运动继承了中生代构造面貌。

印支期末至燕山运动以来,滨太平洋地区发生了大规模水平运动,太平洋地区相对往北错动,东亚大陆相对往南错动(张剑等,2017)。结果,在华北地区形成了广泛的北北东向隆起、坳陷、断裂等压性构造。鲁西南昌邑—大店断裂的继承性活动,自东向南形成了安丘—莒县、沂水—汤头、唐郡—葛沟等彼此近于平行的压扭性断裂,它们组成了现今的沂沭断裂带,至今仍有活动。此期,在鲁西地区内还形成了北北东向的曹县、巨野、上五井等断裂及一系列小褶皱、凸起和凹陷,同时还伴生了北北西及北东东向两组扭裂面及北西向张裂面。聊考断裂活动强烈:聊考断裂以西的豫东地区发育三叠系,聊考断裂以东的鲁西南地区缺失三叠系。因此可以推测,三叠纪时,鲁西南地区已有明显隆起。

早中侏罗世,在南北直扭应力的继续作用下,鲁西南隆起北缘的齐河—广饶一带(包括东部的坊子)产生了北东东向断层,形成断陷盆地,沉积了坊子组和三台组,鲁西南其他地区仍在隆起。

晚侏罗世以来,南北直扭应力加强。鲁西南地区不仅持续隆起,而且断裂活动加强,断陷盆地发育,现今的诸断陷盆地在当时已具雏形。此期,南北向直扭应力伴生的北北西扭裂面,有的沿着老北西向断层发育,形成了晚侏罗世断陷盆地,如在蒙阴、莱芜、平邑等地及峰山断层以西、曹县断层以东、郓城断层以南、丰沛凸起以北地区沉积了汶南组和分水岭组。由于汶南组和分水岭组是在统一的构造背景上沉积的,同期同相,因此岩性、岩相及厚度均可对比。

白垩纪以来,断裂活动达到高潮。有些主断裂切割深度增加,在其附近堆积了中基性火山岩建造,同时还有中酸性岩浆侵入,如蒙山断层和新泰—垛庄断层的东南端、沂沭断裂带附件及沂沭断裂带中均普遍发育火山碎屑岩建造。

白垩纪末,在南北向直扭应力持续作用下,鲁西南地区应力分布状态及构造面貌复杂。由于各种应力作用的不均衡性,引起了鲁西南隆起的反时针转动,它的转动又带动了早期形成的北北东向的济阳坳陷、埕宁隆起及黄骅坳陷围绕鲁西南发生顺时针转动,从而使其轴向发生南向偏转,形成了现今往南西收敛、向北东敞开的帚状构造。

在鲁西南隆起上,新华夏系早期的两组扭裂面被改造成现今的环带构造。在此旋扭应力作用下产生的弧形断裂控制了老第三系沉积。由于环带构造由东往西发展,因此环带区东部沉积了官庄组,西部凹陷沉积了汶口组中较为有利的生油层系。

新第三纪,实习区西部随豫东等坳陷大幅度下降。在嘉祥断层以西,新第三系和第四系沉积以 20 m/km 的梯度向西加厚,至聊考断裂东侧厚达 1 000 m 左右,形成了现今的西部覆盖区。

3.2 新蒙地区地质演化

由于新汶—蒙阴地区属于鲁西隆起区,所以它们在地质发展史上是一致的。

中生代以前的鲁西南地区,其地质发展史与华北地台一样,由太古界古老的变质岩系组成结晶基底,上覆盖层依次为震旦系(新汶—蒙阴地区缺失该地层)、寒武系、奥陶系、石炭系和二叠系。其间经历了两次大的升降运动,形成了两个大的区域性不整合。进入中生代以后,仅沉积了上侏罗统淄博群、下白垩统青山组、古近系官庄组及汶口组(实习区缺失汶口组)。其发育特点与华北地台其他地区不尽相同,缺失地层较多;地壳活动性质及沉积凹陷类型也有其自己的特点。概括起来,该区地质发展史可分为 4 个阶段。

1. 太古代地壳相对活动期

区域资料表明,太古代泰山岩群由各种正、负片麻岩组成,成分十分复杂。同整个华北地台一样,太古代时期地壳形成不久,构造运动强烈,时有火山喷发和岩浆侵入。经多次构造运动的影响,使褶皱、断裂十分复杂,特别是在太古代末期,相当于五台运动的构造运动,不仅使岩石发生强烈的变动,而且伴随大量的中、酸性岩浆活动,并使岩层产生区域性变质。这些变动消耗了大量能量,而使地壳相对稳定下来。太古代的海洋环境经褶皱形成山脉,于是在元古代和震旦纪期间,经过大约 20 亿年的风化剥蚀,地表山脉被夷平,太古界保存不完整,并留下古剥蚀面和古风化壳。

2. 古生代地壳相对稳定期

地壳经过强烈活动后,到寒武纪初期,又缓慢下降,海水由东北经渤海以及由苏北经鲁南而达该区,形成浅海,构成华北海盆的一部分。海水初来时(距岸较近),从古大陆上带来的泥、砂较多(受物源供给物质的影响较大)。随着海盆的扩大(距岸越来越远),海水由浑浊渐变为清澈,使碳酸盐岩大量沉积下来(亦受物源供给物质的影响)。但是,浅海地形并不十分平坦,有许多浅滩,那里海水动荡,于是形成了中寒武统的鲕粒灰岩。有时地壳略有上升,海水变浅后,海底半固结的沉积物受到强台风浪的打击而破碎成团块状,再经海水搅动,使团块滚动磨蚀成棱角状、半棱角状或次圆状,形成竹叶灰岩。当地壳上升更高,使其露出水面后,遭受大气氧化,从而产生紫红色氧化圈,这时便形成具有氧化圈的竹叶灰岩。

整个寒武纪是海水不断扩大的海侵过程,地壳总趋势处于缓慢下降状态(有小幅度上升)。至奥陶纪,地壳总体上继承了寒武纪的海盆下降过程,海水加深,层厚而质纯的灰岩大量沉积。

自寒武纪以来,古气候由干旱炎热逐渐变为温暖潮湿,有机界得到迅速发展。元古代时期,有机界处于初期的原始阶段,种类单调,而且结构简单。经过漫长的时期,到寒武纪,地壳稳定,大气圈及水圈都更适宜于生物存在,因而具有外骨骼的无脊椎动物大量繁殖,其中以三叶虫纲最为发育。与此同时,藻类植物也大量发育。至奥陶纪,生物得到进一步发展,三叶虫不仅构造复杂,并可游泳;同时凶猛的头足类称霸于海洋,其他如腕足类等也大量繁殖,形成生物多样性十分繁荣的局面。

到中奥陶世末期,地壳受加里东运动的影响而整体上升,海水全部退出,该区同华北地台一样,遭受了又一次的风化剥蚀,缺失了上奥陶统、志留系、泥盆系及下石炭统。风化剥蚀的结果,使中奥陶统再度不完整,并留下古剥蚀面和古风化壳。值得注意的是,加里东运动在该区是一次升降运动,并没有使岩层产状发生明显的变化,未形成褶皱和断裂,也没有岩浆活动发生。

到晚石炭世早期时,地壳又重新下降为海,但它又时而上升为陆,即地壳处于不断上升、下降的振荡状态,因而接受了一套海陆交互相的沉积。直到晚石炭世后期气候温和,陆地面积增大,不仅海生无脊椎动物得到进一步发展,出现了腕足类的长身贝、分喙石燕以及棘皮类的海百合、珊瑚类,而且陆生植物大量出现,并在滨海沼泽地带形成森林,形成了石炭系的煤层。

二叠纪时,该区海水逐渐退去,形成以陆相含煤碎屑岩为主的地层。二叠纪末期发生海西运动,使该区上升而未接受沉积,缺失三叠系及下、中侏罗统。海西运动在该区也是一次升降运动,没有发生褶皱、断裂、岩浆活动和变质作用(杨恩秀等,2013)。

古生代地壳的稳定性不仅表现为构造运动都是升降运动,没有褶皱、断裂、岩浆活动和变质作用的发生;而且表现为沉积厚度和岩相的稳定性,在相当大的范围均可进行对比;沉积建造简单。

3. 中生代地台活化期和新生代凹陷盆地形成期

在中生代时,新汶—蒙阴地区与鲁西隆起区共同在燕山运动的影响下产生了断裂。此时,新泰—垛庄大断裂(可能在古生代以前形成)重新活动,使西南盘下降构成凹陷盆地的雏形。东部蒙阴盆地可能因下降速度和幅度较大而接受了上侏罗统和下白垩统的陆相碎屑岩和火山碎屑岩沉积。

燕山运动是一次强烈的褶皱运动,使下覆古生代地层发生了褶皱和断裂

（碗窑头、东都—马头庄等），并导致中、酸性岩浆活动（似斑状花岗岩、正长斑岩、闪长玢岩等），形成现代地貌雏形。在该区发展史上，这是一次关键性的构造运动（张锡明等，2007）。

由于燕山运动的影响，新泰—垛庄大断裂西南盘在早第三纪下降形成盆地的雏形。初期，盆地中心在北部靠近大断裂附近，由于高差较大，已褶皱的古生界迅速被剥蚀夷平，剥蚀物只经历了短距离的搬运。由于新甫山凸起和蒙山凸起汇集于狭长的新汶凹陷和蒙阴凹陷中，因而角砾的成分主要为灰岩（即邻区古生界灰岩剥蚀后搬运而来），且磨圆度极差。随着凹陷盆地被充填，盆地扩大并逐渐向南超覆，盆地中心向汶河方向迁移，沉积物逐渐变细，形成北断南超的构造盆地。

早第三纪末期，由于喜马拉雅运动，官庄组发生褶皱和断裂，并发生岩浆活动。喜马拉雅运动使老地层中的构造复杂化，并使新汶凹陷、蒙阴凹陷上升，缺失晚第三纪和第四纪的大部分地层，仅在近期有少量松散沉积，盆地中心迁移到汶河一带。

新汶凹陷（或称新汶盆地）、蒙阴凹陷（或称蒙阴盆地）都是由燕山运动形成雏形，于早第三纪完成，经第四纪的改造而形成现今面貌。凹陷（盆地）的形成只是漫长地质历史中一个短暂的阶段。

3.3　沉积相与古地理环境演化

3.3.1　主要沉积相

近年来，随着沉积学向成因方面深入发展，沉积相被广泛用于沉积学研究中。沉积相指的是沉积环境及在该环境中形成的沉积岩（物质）特征的总和。实习区出露的地层有古生界、中生界、新生界岩石单元。沉积环境齐全，从海相环境到海陆过渡相环境到陆相沉积环境（表 3-1）。该书在前人研究的基础上，依据岩石组合、沉积结构、剖面结构、古生物化石等特点，将实习区出露古生界划分为海相或海陆过渡相环境，中生界为海陆过渡相到陆相环境，新生界为陆相环境。

表 3-1　古地理和沉积环境分类表

古地理单元				沉积环境（相）	
古陆 （剥蚀区）	高隆古陆 低平古陆				
	古岛				
盆地 （沉积区）	海洋 环境	滨海	有障壁海岸	潟湖、潮坪（潮上—潮间带）	滩坝藻礁
			无障壁海岸浅海	后滨、前滨、近滨浅海陆棚	
		过渡环境		三角洲 滨岸沼泽、河口湾	
	大陆 环境	冲积 环境	平原环境	曲流河 网状河	
			山间环境	冲积扇	
		沼泽		河沼（平原沼泽）、湖沼	
		湖泊		淡水湖泊（滨湖、浅湖、深湖亚相）	
		风成环境		干谷、沙丘	

　　Shaw（1964）首先把碳酸盐的主要沉积场所——浅海划分为陆表海和陆缘海两种类型（图 3-1）。陆表海是位于大陆内部和陆棚内部的低坡度、范围广阔、很浅的浅海，又称内陆海、陆内海、大陆海。陆缘海是位于大陆边缘或陆棚边缘的坡度较大、范围较小、深度较大的浅海。

图 3-1　陆表海和陆缘海结构示意图

　　在古生界中，古陆边缘沉积和陆表海碳酸盐岩沉积是实习区沉积类型的基本特征。实习区古生界沉积岩的沉积环境可大致分为滨岸相、潮坪相、浅滩相、台地相(蒸发台地相、开阔台地相和局限台地相)(图3-2)。

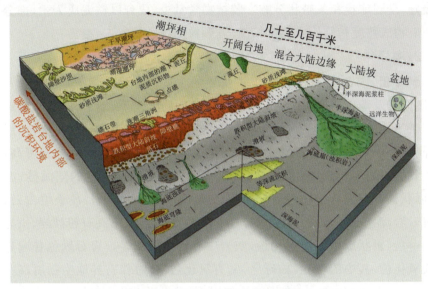

图3-2 经典碳酸盐岩沉积模型图

1.滨岸相

滨岸地区海底地形没有太大的起伏,向海洋方向缓倾斜,形成平直的岸线,海水从开阔海不受阻隔地直达海岸,形成滨岸。滨岸包括一系列的亚环境,从陆地向海洋方向可分为风成沙丘、后滨、前滨、近滨(图3-3)。在鲁西地块早寒武世发育滨岸相,且只发育前滨亚相。

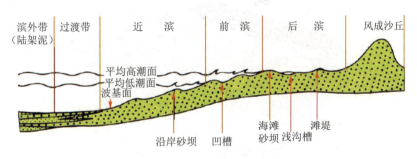

图3-3 滨岸相分布位置示意图

前滨主要发育在早寒武世李官组砂岩段,以中厚层中粒石英砂岩为主,混有粗砂和细砾,石英含量约为90%,含少许长石、海绿石等。海绿石一般呈粒状或椭圆状,颜色为浅绿色,大部为搬运再沉积的产物,含量为1%～2%。石英颗粒大都呈半圆状，少数为圆状和半棱角状。某些岩石薄片中石英颗粒磨圆度极好，呈圆球状和条带状分布。胶结物含量少，成分以铁泥质为主，部分为钙质。矿物成熟度和结构成熟度较高，具颗粒支撑结构。

2. 潮坪相

潮坪相(图 3-4)是实习区下古生界的主要沉积环境之一，又可分为潮上带、潮间带及潮下带(图 3-5)。潮下带可分为局限潮下、潮下高能、开阔潮下及过渡带等相带类型。但开阔潮下带有时与开阔海相带有类似的含义。所谓的潮坪环境，一般是指潮上带及潮间带。潮坪环境由于蒸发作用强、盐度高，不利于生物繁衍，间歇性水流能量弱，并常接受来自古陆剥蚀区的陆源砂、泥等物质，席状藻普遍发育。在潮坪环境常形成泥晶、粉晶白云岩，藻叠层白云岩，膏质白云岩，泥质或云质条带泥晶灰岩和竹叶灰岩等，并常夹有粉砂岩、页岩。其多具薄层、页状或微细纹层构造，灰岩中不溶组分偏多。岩石颜色普遍具强氧化或氧化色，其中的颗粒(如砾屑)常有氧化边，有时伴有异地生物屑、砂屑、球粒等，化石少，组合单一。在潮汐流作用下，扁平砾石和生物屑多呈定向或叠瓦状、扇状、菊花状或涡流状排列，常见干裂、膏盐假晶、岩溶角砾、鸟眼等浅水标志及爬痕、垂直潜穴等构造。潮间及部分浅水潮下环境除了具有潮坪相常见的沉积特征外，泥质或云质条带泥晶灰岩应为次带典型微相，其中常夹有潮道沉积，其微相以竹叶状灰岩为主。

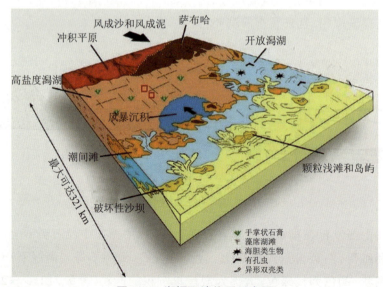

图 3-4 潮坪环境位置示意图

潮坪相可分为潮上带、潮间带、潮下带三个亚相(图 3-5)。

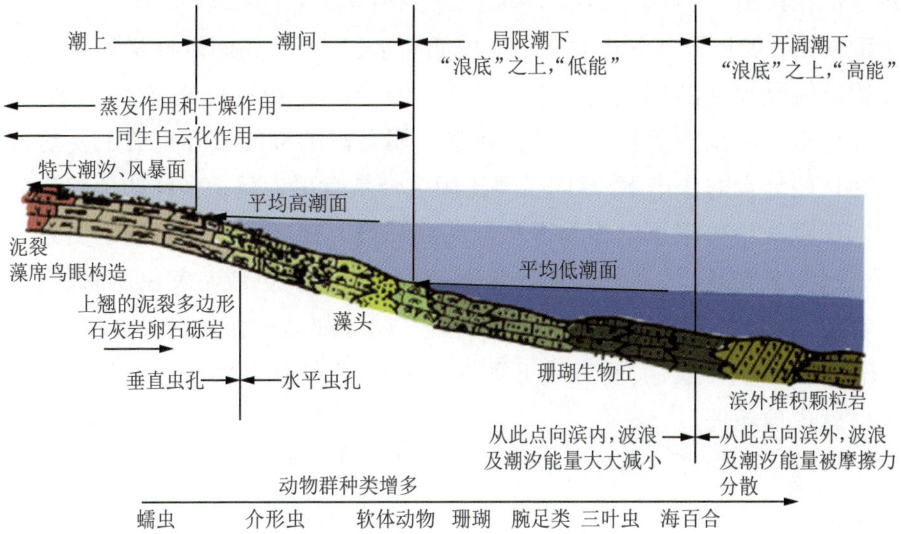

图 3-5　潮坪环境亚相示意图

潮上带：暴露期长，潮流能量低，属于干旱型(萨布哈)潮坪环境，易受气候影响。

潮上带每年暴露于大气 90％ 以上的时间。潮湿型潮上带包括潮沟、天然堤、藻类沼泽等亚环境。该带仅受风暴潮汐影响，常形成风暴潮汐沉积，其形式是表面一层厚数厘米的壳，并由于干缩而破裂成不规则的多角形块，有时可以卷缩起来，有时可以形成锥状构造，或者完全被剥离而成为扁平卵石角砾铺成的"地面"。干燥型潮上带则明显不同于潮湿型潮上带，此种潮上带在高潮水面以上是海滨萨布哈蒸发岩沉积。沉积物主要表现为泥晶、粉晶白云岩，泥晶泥质白云岩或藻席白云岩，并形成云坪，常发育水平纹层、中薄层层理，"鸟眼"构造，膏岩铸模多见。当有大量陆源碎屑混入时，就会形成泥坪、云坪、砂坪等。

泥坪主要赋存于馒头组，分布在临沂、莱芜、博山、营县、济南等广大地区，岩性主要为紫红色粉砂质页岩夹铁质粉砂岩，具有水平层理、干裂、石盐假晶等沉积构造。

云坪指的是准同生白云岩，主要赋存于朱砂洞组、馒头组，分布广泛，可形成于干燥气候带中。馒头组夹于紫色页岩中的准同生白云岩以泥晶结构较为多见。在朱砂洞组白云岩中,大量存在泥裂、古岩溶、冲刷、钙质风化壳、波状层理等沉积构造。

潮间带:位于平均高潮水位与平均低潮水位之间,属间歇性暴露环境。低潮线附近能量较高,向上逐渐减弱。沉积物从下向上颗粒减少,灰泥增多。

往返流动的潮汐流与间歇性的风暴作用是影响潮间带环境的主要动力因素。在这些因素的作用下,潮间带要比潮上带具有更为复杂多样的地貌和沉积特点。在潮间带可以区分出许多不同的亚环境。潮间带的亚环境主要分为灰坪、灰云坪、云灰坪、泥灰坪和泥坪等微相。一般由灰色或灰黄色泥晶灰岩、白云质灰岩、灰质白云岩及含燧石条带或燧石团块细晶白云岩组成,发育鸟眼构造、石膏假晶、水平纹层、垂直或近垂直的钻孔,生物化石稀少。当有碎屑物质混入时就出现泥坪。

灰坪沉积微相又可细分为泥晶灰坪、砂屑灰坪、砾屑灰坪。

泥晶灰坪在鲁西地块早寒武世地层广泛分布,主要包括含颗粒泥晶灰岩、泥质泥晶灰岩、条带状灰岩、豹皮泥晶灰岩、云斑泥晶灰岩等各种泥晶灰岩。岩石粒度为泥级,为 < 0.01 mm 的碳酸盐矿物,夹少量生屑、鲕粒及陆源碎屑泥和粉砂。颜色一般为灰色—深灰色,泥质较多时呈黄灰色,一般为薄层或中厚层状,水平至水平波状层理发育。

砂屑灰坪主要见于朱砂洞组和馒头组地层中,岩石砂屑含量不等,一般为15%～80%,磨圆度虽然不同,但分选性一般较好,常见砾屑、鲕粒、球粒和生屑等伴生颗粒。砂屑多具泥晶结构或球粒泥晶结构,填隙物以亮晶为主。

竹叶状灰坪为砾屑灰坪的一种,在成岩作用早期,微晶灰泥质沉积物尚未完全固结,经波浪和流水作用破碎成碎片,再经冲刷、磨蚀后沉积成岩,在潮汐作用与风暴作用下都可形成。

潮间带有时见潮道沉积,以竹叶状灰岩和泥晶鲕粒灰岩为主,厚度相对较薄。另外,潮上坪或潮间坪中的洼地易形成潮上、潮间潟湖环境,但规模较小,介质能量低,多为典型静水沉积。

潮下带:位于平均低潮面以下直到障壁岛,很少暴露于水上。其最大特点是长期处于水下。次沉积环境一般可分为潮下高能和潮下低能环境。波浪在这里开始起作用。

潮下低能沉积环境往往处于滩或礁之后(向陆部分)。强大的海流和波浪在此由于障壁岛阻碍而作用微弱,形成低能环境。沉积物以泥晶为主,缺乏各种颗粒类型（鲕粒、骨屑以及其他砂屑），常常可以见到球粒泥晶灰岩。生物不甚发育。沉积物常呈块状、厚层状，具水平层理、水平波状层理、波痕以及虫迹。

3. 浅滩相

浅滩相位于古陆边缘沉积区外侧（图 3-6），包括潮间带的低能滩和潮下带的高能滩。低能浅滩环境潮汐流较通畅，但水体能量间歇性较弱，水浅而盐度正常，有适量异地生物碎屑沉积，分选不完全，常有暴露标志。其微相组合以竹叶灰岩、条带泥晶灰岩或球粒泥晶灰岩为主，有时亦有少量粉砂岩或页岩。竹叶灰岩是以扁平砾屑为主并伴有三叶虫、海百合等生物碎屑和少量砂屑、球粒等的颗粒灰岩，由泥晶填隙，有时可有少量亮晶。扁平砾屑主要由来自潮下和潮间带先期干裂的泥晶灰岩经短距离搬运、再沉积而成，遇有风暴时，常形成呈放射状或菊花状排列的砾屑灰岩与泥晶灰岩互层的韵律性沉积。此类薄层砾屑灰岩夹层或透镜体实际上是风暴流产物。条带灰岩与泥晶灰岩中可见对称波痕、水平层理、泥裂、虫孔等构造。例如，京唐一带厚达 40～90 m 的府君山组中颗粒泥晶云质灰岩及各剖面中非颗粒支撑的鲕粒灰岩和砾屑灰岩，高能滩主要由颗粒支撑的厚层状亮晶鲕粒灰岩组成，常见交错层理，富含生物介屑，广泛发育于该区各剖面的张夏组中上部。

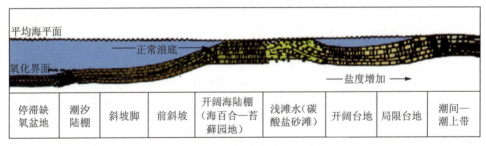

图 3-6　浅滩相分布位置示意图

发育在浪基面以上的浅水高能碳酸盐岩沉积环境，多为鲕粒滩和沙滩。其颗粒类型多样，主要由异地搬运而来，经风、海水、潮流等多种营力反复簸选和沉积而成。砂粒通常分选良好，颜色干净，发育交错层理，表面可见沙纹。

4. 台地相

所谓台地，是任何一个水平面或接近水平面地区的一般称呼，如滨岸向海延伸的水下平缓侵蚀面为台地海岸。在沉积相研究中，凡是依据地理位置命名沉积环境的沉积模式,多用台地一词。台地是一个非常广阔(宽为 100～1 000 km)且平坦的克拉通区域,为浅海所覆盖,与深海以斜坡为界,水较浅,一般为5～30 m。斜坡可以是平缓的,也可以是比较陡峻的。台地实际上是处于潮坪和深水沉积环境之间的浅海沉积环境,具有独立的沉积相和沉积体系(图3-7)。碳酸盐台地常为陆表海所覆盖。实习区内主要有蒸发台地相、局限台地相和开阔台地相三个亚相带。蒸发台地与陆地相接,向海过渡为局限台地,沉积微相主要为云坪、泥坪、泥云坪、灰坪和灰云坪等。

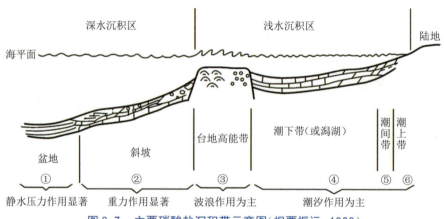

图 3-7　主要碳酸盐沉积带示意图(据贾振远,1989)

(1)蒸发台地相。

蒸发台地相是指位于平均高潮线至最大高潮线之间的沉积。通常为旋回性向上变浅、厚 1～10 m 的岩石组合,在空间上一般沿古陆边缘分布,且随古陆边缘地貌条件而宽窄不一。其蒸发作用强,盐度高,不利于生物的繁衍,间歇性水流能量弱,并常接受古陆剥蚀区的陆源砂、泥物质,有时发育席状藻。在干旱炎热气候条件下,蒸发台地环境常形成准同生泥晶白云岩、粉晶白云岩、泥质白云岩或藻席白云岩,常发育水平纹层、中薄层层理。岩石层面上常见多角形干裂、"鸟眼"构造,膏岩铸模多见,有时见石膏夹层,生物化石稀少。泥晶—泥粉晶白云岩主要形成于准同生期,由于蒸发泵白云化作用或毛细管浓缩白云化作用形成富镁的超盐度海水,交代潮上坪的文石泥和高镁方解石泥而成。泥晶白云岩在成岩作用过程中可以重结晶变成泥粉晶、细粉晶或者更粗,也可以发生去云化作用形成晶粒灰岩。

鲁西地区的蒸发台地主要发育在马一、马三、马五期,地层处于海平面升降旋回的下降阶段,主要为白云岩,屡见膏溶、帐篷状构造,化石含量较少,可见叠层石等生物。

另外,在蒸发台地里时常会形成萨布哈沉积环境。这种环境具有气候炎热干旱、蒸发率高、地势平坦、地下水面浅等特点,因此形成大量自生蒸发盐,如石盐、石膏、硬石膏。大量蒸发盐,尤其是石膏的形成,又转而提高地下水中的 Mg^{2+}/Ca^{2+} 比值,造成沉积物的白云石化。如果地下水成分大致保持在使石膏沉淀的范围内,石膏就以结核或晶体形式出现;如果地下水成分始终保持在石膏沉淀的范围内,就将形成硬石膏结核层;如果在沉积过程中,发生同生淡水淋滤,则剖面中的蒸发岩、硬石膏将被溶解而出现塌陷角砾岩层,在层序下部发生方解石化作用,这在实习区奥陶系地层中普遍发育。经过压实作用而形成鸡笼铁丝构造或结核状和串珠状构造,彼此融合形成肠状构造,经过水化、晶体生成和岩石膨胀等作用而形成帐篷构造。

(2)局限台地相。

局限台地相是受礁、滩限制的海湾、潟湖沉积体,位于潮间带,即平均高潮面与平均低潮面之间的地带。它向岸过渡到蒸发台地相,向海与开阔台地相相连,一般由灰色或灰黄色泥晶灰岩、白云质灰岩、灰质白云岩、含燧石条带或燧石团块细晶白云岩及杂色角砾状灰岩或角砾状白云质灰岩组成,还可能含有石膏、方解石等自生矿物,岩石中晶间孔及构造裂缝较为发育。由于水体局限,盐度较高,局限台地相不利于生物生长,生物群落的种类有限,只有广盐性的生物在此生活,生物化石稀少,仅腹足类比较丰富,伴有介形虫、有孔虫、双壳类及牙形石。局部地带亦可出现高能环境,由鲕粒灰岩、核形灰岩及生屑灰岩组成。局限台地相是实习区奥陶纪的主要沉积环境之一,在各个阶段均有分布并占有可观范围。

局限台地(半封闭—封闭的台地)是一个真正的潟湖,其海水循环受到很大限制,海水盐度变化较大,淡水、盐水、超盐水均有,主要沉积物为灰泥。有的地区可暴露于水面以上,氧化和还原环境均有,所见植物有海水沼泽植物,也有淡水沼泽植物。

① 藻席带:位于局限台地上部,海水的周期性涨落使其暴露,形成鸟眼和干裂等构造。在这一环境中,水体浅透、温度适宜,蓝绿藻生长繁盛。藻坪亚相的突出特点是暴露标志及藻类的大量发育。

② 潟湖:它常与藻坪及浅滩在横向上呈过渡关系。局限台地内潟湖水体

较为平静,环境能量低,以静水沉积为主。岩性主要为灰色、灰褐色、深灰色泥晶—粉晶云岩,含泥质条带泥晶云岩、泥云岩,夹风暴成因的砾屑云岩,并可见叠层石,发育水平层理、生物扰动构造及生物潜穴、风暴成因的底冲刷面、粒序层理等。

(3)开阔台地相:主要指水流畅通的潮下带广阔海域。在陆表海中,其沉积界面大都在低潮面和浪基面之间,个别直达氧化还原界面附近(图3-6)。沉积作用主要发生在潮下带,水深可由数米至数十米,但一般不超过百米。海水盐度正常,生物较为常见,水体能量介于较弱至中等之间,并以潮下低能为主。这一沉积区在华北地台甚为发育,以颗粒灰岩及泥晶泥质灰岩为主,有时含页岩及粉砂岩夹层。岩石中颗粒类型较单一,偶有内碎屑、鲕粒等高能颗粒。化石较为丰富,可有介形虫、软体动物、棘皮动物、三叶虫和腕足类,其中窄盐性生物相对含量少。层理以水平层理多见,偶有斜层理。小型单柱、半球状叠层构造偶有出现,水平虫孔及生物搅动构造常见。例如,京唐地区炒米店组、冶里组和亮甲山组地层中夹藻屑泥晶灰岩、生物屑泥晶灰岩、海绿石泥晶砂质灰岩和瘤状泥晶灰岩,即是开阔海的产物。在中寒武世张夏期,高能滩之间的开阔海中常有滩间海环境发育,其特点是鲕粒含量普遍小于30%,岩石多以深灰色生物泥晶灰岩为主,浅海生物含量较丰富,黏土岩含量变化较大,如曲阳张夏组的某些岩段。到早奥陶世,唐山及京西地区以灰色厚层生物泥晶灰岩、条带泥晶灰岩夹不具氧化边的竹叶状砾屑或砂屑泥晶灰岩为主。岩石中常见三叶虫、头足类、腹足类、棘皮、腕足类等化石,有时见水平虫孔,为典型开阔海沉积。马家沟群下段在唐山、京西、曲阳、任丘等地均以泥晶灰岩为主,间有云质灰岩、泥灰岩等,化石以腕足类、棘皮、头足类为常见,水平层理发育,为开阔海与局限海交替沉积。马家沟群上段开阔海以生物泥晶灰岩、含燧石泥晶灰岩、云斑泥晶灰岩为典型组合,生物以头足类为主。

由此可见,实习区下古生界中开阔海环境沉积占有相当大的比例,主要分布于第二个二级层序中三级层序的高位体系域中,因这类沉积常常富含有机物,是下古生界烃源岩的主要形成环境。

3.3.2　实习区古地理环境演化

郯庐断裂以西的山东省西部地区以往被统称为鲁西断隆,位于华北平原中东部。地形、地貌甚至地层(岩体)展布均以泰山—鲁山—邹县—临沂地区为中心,向外呈环状展布。鲁西地区基底由新太古代泰山岩群、TTG 岩系和中元古代造山花岗质岩体组成。其中,泰山岩群岩性主要由斜长角闪岩和黑云变粒岩组成,并和 TTG 岩系一起遭受了中—浅程度的变质作用。盖层则由古生代、中生代和新生代碳酸盐岩、碎屑岩和火山岩组成。其中,古生代主要由寒武系-中奥陶统碳酸盐岩夹碎屑岩组成,中石炭统-二叠系则为海相地层和陆相含煤碎屑岩建造;中生界缺失三叠系,仅发育侏罗系-白垩系,为一套陆相碎屑岩建造;新生界以陆源碎屑沉积夹火山岩为主。

1. 古生代

在古生代,地壳由上升逐渐转为非均衡沉降,遭受由南东向北西的海水入侵,鲁西地区整体成为陆表海,形成了浅海陆棚沉积组合(长清群、九龙群、马家沟群)。山东于早古生代进入全域同步沉降期。沉积相以浅海相为主体,滨海相出现于早寒武世,沉积—构造古格局的总趋势是东深西浅。鲁西寒武系及中、下奥陶统总体以台地相及潮坪、潟湖相碳酸盐岩为主,早期有较多潮坪泥砂质沉积及少量滨海砂砾岩沉积,中、下奥陶统为典型碳酸盐台地型沉积。

(1)寒武纪。

早寒武世鲁西地区首先沿沂沭海峡下沉,沉积了李官组。海侵方向由南东向北西,为滨海陆屑滩砂砾岩相,海岸大致在昌乐、蒙阴、费县、薛城一线,以西为古陆,以东为海域。龙王庙期地壳下沉,海侵逐渐向北西扩大,鲁西海与华北海连成一体。为局限海潮上—潮间带环境及潮间带—浅潮下带环境,形成了一套碳酸盐岩、粉砂质页岩和粉砂岩组合(朱砂洞组),这些黏土岩和碳酸盐岩中混有相当数量的陆源碎屑,表明陆源区尚未准平原化,母岩风化依然停留在碎屑岩—黏土岩阶段。海底不甚平整,沉积厚度变化不大,当时的沂水—蒙阴—新泰及曲阜—平邑—峄山处于海底高差不大的水下隆起状态,将鲁西地区分为南北两个盆地,沉积盆地总体呈北东向展布,沉积—沉降中心主要有枣庄、济南两处。

中寒武世毛庄期-徐庄早期为局限海潮下带—潮间带砂泥坪环境,水体动荡且浑浊,沉积了一套暗紫色粉砂质页岩夹粉砂岩(馒头组)。徐庄晚期,随着海侵的扩大,沉积环境变为滨海沉积,形成具明显海进旋回的海绿石石英砂岩、粉砂岩、粉砂质页岩层序。徐庄期沉积中心在孟良崮周围地区。至张夏期,海侵进一步扩大,是华北地区海侵最为广泛的时期,沉积环境为碳酸盐台地及台缘斜坡,台地礁滩发育,台地礁滩相位于滨州—泰安—东平—汶上—济宁—泗水—费县—枣庄一线以西的大部地区,形成各种鲕粒灰岩、礁灰岩等。该线以东的海水较深,以页岩为主。张夏期,沉积中心位于安丘—沂水一带及枣庄,水下隆起位于泰安、莱芜、平邑及费县以北地区。

晚寒武世崮山期水体进一步加深,处于浅海陆棚至台地前缘斜坡(中深缓坡)环境,早期属浪基面以下低能环境;晚期属浪基面附近低能间歇高能环境,且常有风暴发生。以纸状页岩、瘤状灰岩等缓坡型沉积为主,有少量风暴沉积(竹叶状灰岩),形成崮山组。长山期-凤山期风暴频繁,海水动荡强烈,沉积了台地边缘礁滩相藻灰岩、竹叶状灰岩、泥质条带灰岩、鲕粒灰岩交互沉积(炒米店组)及少量白云岩(三山子组 c 段)。局部有潟湖相沉积。

寒武纪气候温湿与干热相间,以三叶虫为代表的生物大量繁殖。

(2)奥陶纪。

早奥陶世处于局限台地潮下带—潟湖相,新厂期以潮下高能带白云岩夹竹叶状砾屑白云岩为主(三山子组 b 段),道保湾期以潟湖相低能含燧石条带白云岩为主(三山子组 a 段),含有正常海的腕足类、棘皮、苔藓、头足类化石。鲁西地区因怀远运动被抬升成陆,遭受短暂风化剥蚀之后,开始了新的海侵。中奥陶世大湾-达瑞威尔期及晚奥陶世艾家山期为局限台地潟湖与开阔台地潮间—浅潮下带交替环境,分别由东黄山组—北庵庄组、土峪组—五阳山组、阁庄组—八陡组构成三个明显的海进沉积旋回,每一旋回都有海侵高潮。它们均属清水沉积环境,沉积区再无碎屑加入,说明陆源区已完全准平原化,母岩也已进入化学风化阶段。三个沉积旋回的演化规律基本相似:每个旋回下部主要为角砾状灰岩、泥灰岩、白云岩及石膏等,水平层理、波状层理发育;上部则以隐晶灰岩、泥灰岩为主,生物化石丰富,有头足、三叶虫、棘皮、螺、灰质海绵、介形虫、腕足等。前者属局限台地潟湖蒸发岩相,后者以潮下带和开阔台地沉积为主。这和晚寒武世的高能沉积环境形成鲜明对照,表明地壳运动已由振荡转为相对平静。晚奥陶世中期,鲁西地区由于加里东运动上升为陆,长期遭受风化剥蚀,因此缺失上奥陶统(上部)、泥盆系、志留系及下石炭统,在距今 455～543 Ma,地幔岩浆活动沿构造薄弱位置上侵,形成金伯利岩管(常马庄单元)。

2. 中生代

此阶段属陆块发展阶段后期,华北陆块整体下沉。晚石炭世鲁西地区位于滨海地带,加之地壳振荡频繁,海水反复进退,因此形成了滨海沼泽、潮坪等相间出现的海陆交互相沉积。当时气候温暖潮湿,植物十分茂盛,海洋生物也很丰富,且属华北海与扬子海混生生物群,早期(本溪组)有重要铝土矿,晚期(太原组)有重要煤层形成。海西运动晚期山东全境上升为陆,古气候亦由温暖潮湿逐渐变为干旱,羊齿及裸子类中的苏铁、银杏、松、柏、杉等典型内陆型植物群竞相繁衍。二叠纪早期(山西组)主要为湖泊沼泽相,有利于煤的形成,北部煤层薄、层数多,南部煤层厚、层数少;中期(石盒子组)以河流相为主,局部夹煤线;晚期(石千峰群孙家沟组)仅见于淄博、章丘一带,为红色碎屑岩河湖相沉积。

3. 新生代

新生代山东省进入了一个新的统一裂解与沉陷阶段,开始了一个新的构造变动旋回。

(1)古近纪。

古新世-始新世鲁西地块在早白垩世沉积盆地的基础上形成新的沉积盆地(平邑盆地、蒙阴—大汶口盆地及莱芜盆地等),沉积了一套含膏盐的红色、灰色山麓沉积—河湖相碎屑岩系(官庄群);同时,鲁西地块西南侧地壳沉降,发育成鲁西南潜断块,在其内的潜陷中沉积了官庄群。

(2)新近纪。

此阶段华北坳陷断块式升降运动继承进行,在其内的一些潜陷中沉积了一套以杂色泥岩为主夹砂岩的地层(黄骅群),其中夹多层海相化石,表明有过多次海侵。在沂沭断裂带的北段则形成零星的火山湖、小湖泊及老年期河床,形成以玄武岩为主夹砂砾岩及硅藻土的沉积组合(临朐群),其中临朐火山湖除泥质、砂质沉积外,还有生物化学作用生成的硅藻土、磷结核及沼泽相煤层,间或有玄武岩浆喷溢。

(3)第四纪。

此阶段以差异性升降运动为主,形成鲁西中低山丘陵区、鲁西平原区,丘陵区与平原区的沉积组合差别较大。

① 丘陵区。

早更新世,丘陵区主要沿沂沭断裂带附近形成河流,残留冲积砂砾层(小埠岭组),在郯城地区该组产金刚石砂矿。

中晚更新世,丘陵区主要沿山间凹地形成具黄土性质的堆积(羊栏河组、大站组)。沿古沂沭河继续形成冲积砂砾层(于泉组、大埠组)。在鲁西丘陵区形成岩溶洞穴堆积(沂源组),并开始有古人类活动迹象。在鲁东丘陵东部海边有风积砂(柳夼组)形成,沿隆起区北缘及沂沭断裂带北端有幔源玄武岩浆溢出(史家沟组)。全新世早期气候潮湿,在隆起区的低凹地带普遍形成沼泽相沉积(黑土湖组),之后地壳抬升形成纵横交错的河流,沉积了河流相及洪积相砂砾石堆积物(临沂组、沂河组、泰安组),局部地区形成湖泊沉积(白云湖组)及风成堆积(寒亭组),沿海地区形成海相沉积及海陆交互相沉积(旭口组、潍北组),与此同时在山坡下方形成残坡积物(山前组)。

② 平原区。

整个第四纪以黄河下游及渤海湾地区的河漫滩相、河床相、海相沉积综合体为主(平原组、黄河组),总厚度约 498 m,是山东省第四纪沉积最厚的岩石地层单位。早期在华北坳陷区有少量玄武岩喷出(史家沟组),晚期局部地区有少量湖相(白云湖组)、海相与海陆交互相(旭口组、潍北组)及风成堆积(寒亭组)。

第四纪的构造活动主要沿沂沭断裂带发生,表现为频繁的地震运动。其他部分断裂也有新构造活动的迹象。

思考题

(1)对山东省的地质构造影响最大的因素是什么?

(2)实习区的古地理环境经历了哪些演化?

(3)实习区的地质构造演化经历了几个阶段?

第4章 矿产资源与旅游资源

内容提要 本章主要介绍实习区的矿产资源与经济地理。

4.1 矿产资源

实习区矿产资源较为丰富,主要盛产燃料矿产——煤,著名的新汶矿业集团公司即在区内,其次为灰岩、白云岩、煤矸石、金及大量建筑用砂、砾、土等,地下水资源丰富。

1. 煤

实习区有大、中、小型煤矿20多处,矿点约20处,主要分布在新汶、东都、汶南、泉沟、翟镇一带,规模较大的有孙村煤矿、良庄煤矿、汶南煤矿、张庄煤矿、协庄煤矿、泉沟煤矿、翟镇煤矿等,年产原煤约 1.3×10^7 t。实习区内煤层产于石炭系的太原组和二叠系的山西组、石盒子组,主要煤层产于太原组和山西组。其中,大原组含煤12层,一般厚度为 $1 \sim 2$ m,是开采的主要矿层;山西组含煤3层,石盒子组含煤1层,煤层厚度为 $0 \sim 3$ m。

2. 煤矸石

由于地质条件差,煤层薄且赋存不稳定,实习区内各煤矿所产煤矸石量很大。新汶矿业集团公司对煤矸石的主要消耗途径有发电、制砖及砌块、水泥、筑路、覆土造田等。目前,公司建有煤矸石热电厂5座,年消耗煤矸石 3.8×10^5 t;煤矸石砖厂6座,年消耗煤矸石约 1.2×10^6 t;水泥厂5座,年利用煤矸石及粉煤灰 4.5×10^5 t,减少占用耕地面积约 6.7×10^4 m²;煤矸石筑路总利用量近 1.0×10^6 t;利用煤矸石、粉煤灰覆土造田,年利用量为 1.2×10^6 t,覆土造田面积约 3.3×10^5 m²,取得了显著的生态环境效益和经济效益。

3. 灰岩和白云岩

实习区内广泛分布的张夏组下灰岩段、上灰岩段,炒米店组灰岩,马家沟群北庵庄组、五阳山组、八陡组,石炭系太原组灰岩均是良好的水泥原料层位,其 $CaO > 50\%$,$Al_2O_3 < 0.5\%$,$Fe_2O_3 < 0.6\%$,SiO_2 含量为 $1.2\% \sim 2.1\%$,具有层位稳定、易开采、交通方便等优点。三山子组和马家沟群阁庄组白云岩层位稳定、品质好,其中白云石含量约 90%,方解石约 10%,化学组分 $MgO > 20\%$,$SiO_2 < 2\%$,CaO 含量为 $25\% \sim 30\%$,可满足熔剂、耐火材料等对白云岩的要求,部分可用作提炼金属镁。

4. 金

实习区内金矿资源主要分布在岳家庄乡境内,矿床类型包括破碎蚀变岩型金矿和砂金等。破碎蚀变岩型金矿围岩为太古宙花岗岩类,矿体产于北北西向关山头火石山断裂附近,该断裂破碎带宽几米至几十米,长数千米,倾向南西,倾角 $60° \sim 80°$,带内为碎裂状花岗岩类、碎裂状角闪质岩类及蚀变岩。矿化蚀变主要为褐铁矿化、方铅矿化、黄铁矿化、金矿化等。砂金主要赋存于第四系冲积、洪积的砂砾层中。黄金呈粒状、树枝状、片状,金黄色。表面多凹坑。

5. 建筑用砂、砾、土

实习区内河流发育,新甫山凸起和蒙山凸起主要为花岗质岩石,风化后的砂、砾被水流带走并沉积于河床,使区内有丰富的砂、砾、土资源。此外,三台组、官庄组的砾岩胶结程度差,其中的砾石成分多样,磨圆度较好,开采后可用作建筑材料。

4.2　旅游地理资源

新泰市是山东省泰安市下辖的一个县级市,地处山东省中部。旅游景点分布较广,数量较多,如莲花山、和圣园、清音公园、青云山、徂徕山、青云湖。

莲花山位于新泰境内,古称新甫山,因九峰环抱状似莲花而更名,1993 年 1 月被定为省级森林公园。2004 年 3 月,新泰市邀请知名专家,为莲花山量身定做了"观音胜境、北方普陀"的主题形象。2014 年,主题重新定位为"观音胜境、莲花世界",打造莲花山旅游的全新文化。2017 年 12 月 20 日,莲花山入选"中国森林氧吧"。

　　和圣园是一处主题文化公园。"和圣"柳下惠,春秋时鲁国大夫,姓展,名获,字禽,食采于柳下邑,谥号惠,故称柳下惠。柳下惠"坐怀不乱"的故事妇孺皆知,被后世的孔子、孟子推崇为一代"和圣",成为 2 500 多年来中华民族世代相传的道德圣贤大家。和圣园是江南园林与北方文化的完美结合,包括和圣故里坊、山门、和圣像、和圣湖、湖心亭、小泰山、凤凰山、月牙山、碧霞元君庙、和圣礼祠、翠竹园、牡丹、玫瑰园、动物园等主要景观。

　　清音公园位于山东省新泰市青云城区东部片区,总占地面积 6.3×10^5 m²,其中陆地占地 4.8×10^5 m²,水域面积 1.4×10^5 m²,绿地占地 3.9×10^5 m²,总投资约 2.4 亿元,是一处融地域文化与休闲娱乐为一体、以水上活动为主要特色的综合性城市公园。公园之名取"非必丝与竹,山水有清音"之义,寓"园藏胜景,鸟语蝉鸣皆律吕"之意。公园在设计中突出山水之间有清音的意境和新泰历史名人——乐圣师旷这一渊源,较好地处理了公园建设与历史文化、旅游经济、生态环境等方面的关系。

　　山东省新泰市青云山,古称敖山(岙山),位于新泰市城东,面积 6 km²,山势呈西北—东南走向,主峰海拔 495 m。清人孔贞宣称:"青云,华岳之小影。"青云山之峻峭,在于拔地突兀而起,宛如擎天一柱立于新泰东部。文人名士过此者,无不赋诗填词,叹为观止。"敖山削壁"为新泰八景之一,现有武中奇先生手书摩崖石刻一处。青云山现主要建筑有三官庙、玉皇庙、揽波亭。其中,三官庙位于主峰绝壁之下,创建于明代。

　　新泰市青云湖位于山东省新泰市,水容量 8×10^7 m³,总面积 8 km²。三面群山环护,湖光山色,美不胜收。岸边湖滨公园占地 1.4×10^5 m²,草坪铺地,疏林成荫。公园由中心广场区、副广场区、码头区组成,广场上"一帆风顺"大型不锈钢雕高达 18 m。隔路可见牡丹阁,飞檐斗拱,雕梁画栋。置身青云湖,或怡然垂钓,或泛舟湖上,或悠悠然坐于岸边,使人心旷神怡。

第5章 野外实习路线

内容提要 本章主要介绍地质实习的野外实习路线,共有13条,后3条为实习区外围路线。其中马头崖路线、封(黑)山路线、碗窑头路线、汶南路线以及西西周路线等5条路线基本覆盖了从太古宇到新生界的地层,各专业根据实习时间安排实习路线。

5.1 马头崖路线

1. 路线位置

该路线位于新泰市刘杜镇南流泉村,由南流泉向东1000 m至马头崖南麓,路线观察点主要位于马头崖南坡(图5-1)。

图5-1 马头崖路线及关键地质观察点简图

2. 实习目的与任务

（1）了解朱砂洞组上灰岩段及馒头组发育情况，巩固有关岩石地层单位划分、地层接触关系、沉积相分析等方面知识。

（2）巩固有关碎屑岩、碳酸盐岩和岩浆岩分类、命名及岩石学特征描述方面的知识。

（3）学会分析、研究断层的野外工作方法。

（4）学会绘制信手剖面图。

（5）掌握岩石、古生物化石标本的采集方法。

3. 教学内容

（1）观察晚太古代蒙山超单元李家楼单元岩体变质情况，分析其岩石学特征、风化情况，测量其片麻理和构造节理发育特征。

（2）观察朱砂洞组丁家庄白云岩段与基底岩石接触面的特征，分析其成因。

（3）观察朱砂洞组上灰岩段、馒头组的岩性、古生物化石类型，分析其沉积构造及沉积环境，测量地层产状；分析各组（段）之间的接触关系。

（4）观察沂南铜汉庄单元闪长玢岩的产状、岩石学特征，分析其形成机制。

（5）观察马头崖断层发育情况，测量断层面产状，分析断层性质。

（6）练习使用 GPS 工具箱在地形图上定地质点。

4. 路线设计

马头崖路线发育的地层主要为太古界、下寒武统朱砂洞组、馒头组、张夏组底部（图 5-2）。除观察地层发育特征外，本路线还可以观察岩浆岩、变质岩岩体，观察角度不整合和断层。

该路线设计至少 8 个观察点（No.1～No.8，各班因基础不同可适当增加观察点），观察内容如下。

No.1

位置：马头崖南坡脚，学生需给出 GPS 位置，到沟内测量片麻理产状，并于地形图上标出，以下同。

观察目的：太古代片麻岩的矿物成分、结构和构造特征。

观察内容：此处见到的多为黑云母斜长片麻岩，新鲜面为灰白色及浅灰色，风化后变为黄褐色。矿物成分中浅色矿物为斜长石、石英，暗色矿物为黑云母、角闪石。该岩石为变晶结构，片麻状构造，是一种变质程度较深的区域变质岩（图5-2）。

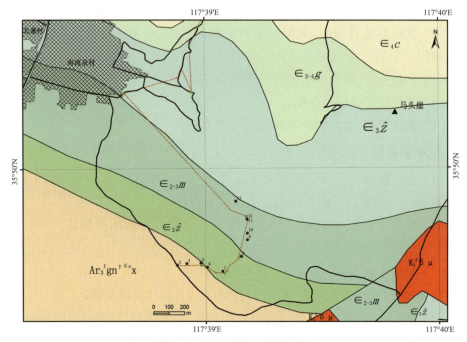

图5-2　马头崖路线地质简图

太古界泰山岩群（Ar_3T）为该区最古老的地层，主要由各种片麻岩组成，分布于马头庄、南流泉、封山、法云山一线以南和盘车沟一带，易风化，冲沟发育，一般为低矮的山丘。

No.2

位置：马头崖南坡。

观察目的：太古代片麻岩与寒武系角度不整合现象。

观察内容：此处可见到泰山群片麻岩与上覆下寒武统丁家庄白云岩之间的接触界线（图5-3），片麻岩上存在古风化壳（图5-4）。

学生描述古风化壳特征，开始绘制信手剖面图（此处为起点）。

No.3

位置：马头崖南坡。

观察目的：朱砂洞组（上段）岩性和闪长玢岩侵入体。

观察内容：寒武系朱砂洞组（$\in_2\hat{z}$）上段岩性以灰色厚层灰岩、中层含白云质灰岩、薄板状泥灰岩为主,下部夹有两层角砾状白云质灰岩,并普遍含有燧石结核(图 5-4)。

图 5-3　太古代与寒武系角度
不整合观察点

图 5-4　朱砂洞组(上段下部层位)
燧石条带灰岩

闪长玢岩侵入体顺层侵入,呈岩床产出(图 5-5)。此处学生画图。

闪长玢岩侵入马头崖朱砂洞组岩层中,总体呈岩床状产出。风化面呈黄色,斑晶多为晶形完好的斜长石,为板状或板柱状晶体,约 1 cm 大小。基质主要为斜长石、角闪石、辉石等。

No.4

位置:马头崖南坡。

观察目的:朱砂洞组(上段)岩性。

观察内容:朱砂洞组($\in_2\hat{z}$)上段以灰岩为主,山坡顶平台处见叠层灰岩,主要由藻类生物转变而成,是生物礁标志层(图 5-6)。

朱砂洞组上段的藻类(叠层石)呈柱状生长,剖面为同心圆状。朱砂洞组下段的叠层石为层状,反映不同的水动力条件:水动力强时呈柱状生长,水动力弱时呈层状生长。

No.5

位置:马头崖南坡。

观察目的:寒武系馒头组(石店段$\in_2 m^{\sharp}$)岩性。

风化的闪长玢岩岩体

图 5-5   闪长玢岩顺层侵入朱砂洞组
　　　　　（上段）灰岩层

图 5-6   寒武系朱砂洞组叠层灰岩

观察内容：此处可观察馒头组 $\in_{2\text{-}3}m$ 四段地层：石店段、下页岩段、洪河砂岩段、上页岩段（该区缺失）。

石店段：为灰色薄层微晶、泥晶灰岩及厚层鲕粒灰岩，夹紫红色页岩（图 5-7a, b）。

下页岩段：以砖红色、紫红色粉沙质页岩为主。

洪河砂岩段：主要岩性为褐色厚层石英细砂岩、紫红色—灰黄色含白云母粉砂质页岩、粉砂岩，局部夹有暗灰色薄层砂、砾屑灰岩及中厚层含海绿石砂质鲕粒灰岩。

No.6

位置：马头崖南坡。

观察目的：寒武系馒头组（下页岩段 $\in_2m^1$）岩性和闪长玢岩侵入体。

观察内容：馒头组下页岩段以紫红色（猪肝色）页岩为主，与石店段紫红色页岩区别为其页岩含白云母（图 5-7c），而石店段紫红色页岩中无白云母。

a. 石店段顶部的鲕粒灰岩　　b. 石店段薄层微晶、泥晶灰岩与　c. 下页岩段紫红色含白云母页岩
　　　　　　　　　　　　　　　　紫红色页岩

图 5-7　馒头组的地层与岩性

No.7

位置：马头崖下平台处。

观察目的：寒武系馒头组（洪河砂岩段$\in_2 m^h$）岩性（图 5-8）、闪长玢岩侵入体（图 5-9）和断层。

闪长玢岩
侵入体

图 5-8　馒头组（洪河砂岩段）砂岩　　　图 5-9　闪长玢岩侵入体
　　　　羽状交错层理

观察内容:此处可见褐色厚层石英细砂岩、紫红色—灰黄色含白云母粉砂质页岩、粉砂岩,局部夹有暗灰色薄层砂、砾屑灰岩及中厚层含海绿石砂质鲕粒灰岩。羽状交错层理和槽状交错层理发育。学生需要根据岩性成分、结构和构造特征恢复过去的古环境。

闪长玢岩顺层侵入馒头组(洪河砂岩段)砂岩和张夏组灰岩层之间,此处闪长玢岩较为新鲜,学生需要观察闪长玢岩矿物成分、结构和产状。

此处可见一断层,学生需要观察断层存在的证据,画素描图(图5-10)。

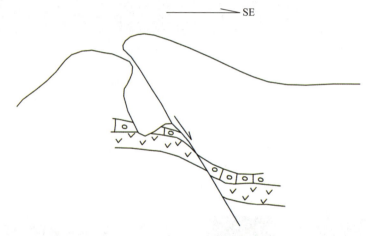

图5-10　马头崖断层素描图(案例)

此处可见陡壁上的张夏组底部灰岩,学生需要观察张夏组岩性特征,画信手路线剖面图。

在此处,学生需要观察张夏组与馒头组的接触关系和接触面特征,画素描图。

No.8

位　置:马头崖西南坡。

观察目的:寒武系馒头组(洪河砂岩段)的沉积构造特征。

观察内容:馒头组(洪河砂岩段)砂岩,层理发育明显,学生需要观察砂岩中沉积构造,如水平层理、羽状交错层理、斜层理等(图5-8)。

路线结束,信手剖面图也应该完成,案例如图5-11。

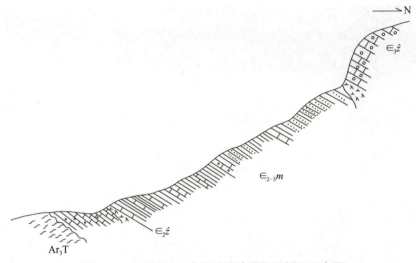

图 5-11　马头崖下、中寒武统地层信手剖面示意图

5．复习思考题

（1）朱砂洞组与泰山群变质岩之间的沉积接触关系是如何形成的？

（2）朱砂洞组上灰岩段中的燧石条带和结核是如何形成的？

（3）馒头组洪河砂岩段中发育哪些沉积构造？它们与沉积环境的关系如何？

（4）张夏组与馒头组之间在地貌上为什么存在陡坎？

（5）野外识别断层的证据有哪些？如何分析断层的力学性质？

（6）铜汉庄单元闪长玢岩的斑晶矿物是什么？该侵入岩形成于什么地质时期？

5.2　封山路线

1．路线简介

封山—寺山路线是马头崖路线的延续路段，是观察新汶盆地中、上寒武纪地层较好的路线。该路线由南流泉向西 600 m 至封山南坡，向北沿封山山脊至寺山脚下（图 5-12）。

2．实习目的与任务

本地区主要地质单元为华北基底与早古生代地层单元。

图 5-12　封山路线及关键地质观察点简图

（1）巩固岩浆岩特征、岩石类型、矿物组合观察等方面的知识。

（2）了解早古生代寒武系各地层单元（张夏组、崮山组、炒米店组、三山子组）发育情况、岩石类型，巩固有关岩石地层单元划分、地层接触关系、沉积相等方面的知识。

（3）巩固关于碎屑岩、碳酸盐岩、岩浆岩的岩石学相关知识，包括分类、命名及描述。

（4）了解有关古生物化石的知识。

（5）分析研究褶皱的野外工作方法。

（6）了解岩溶地貌的有关知识。

3. 教学内容

（1）观察张夏组、崮山组、炒米店组及三山子组中薄层段、中厚层段的岩性、古生物化石类型，分析其组成岩石的结构、构造类型及沉积环境；测量地层产状；分析各组、段之间的接触关系。

（2）分析三山子组白云岩的成因。

（3）观察北流泉向斜的形态，分析其褶皱要素。

4.路线设计

该路线上地层有张夏组、崮山组、炒米店组以及三山子组等(图5-13),除了可以观察地层发育特征外,还可以对封山—寺山向斜进行观察。

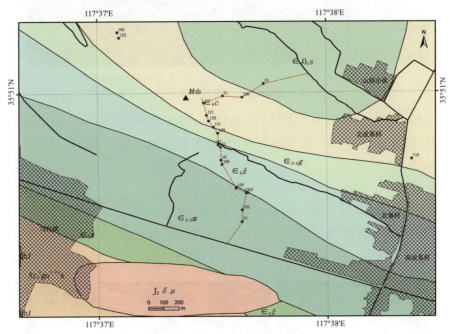

图 5-13　封山路线地质简图

该路线设计 8 个观察点(No.1～No.8),观察内容如下。

No.1

位置:封山东南坡。

观察目的:寒武系张夏组($\in_3\hat{z}$)(下灰岩段)岩性。

观察内容:张夏组以大套鲕粒灰岩发育为特征,岩性稳定,分布广泛,坚硬致密,抗风化能力强,在地形上常反映为陡坎。依岩性的不同可将张夏组分为三段:下部鲕粒灰岩段、中部页岩夹薄层灰岩段(盘车沟页岩段)和上部豹皮灰岩段。

寒武系张夏组的下灰岩段以深灰色厚层鲕粒灰岩为主(图5-14a,b),含海绿石,黄绿色,呈粒状,风化后呈黄棕色。鲕粒灰岩形成于动荡的潮下高能环境。从鲕粒到泥晶的变化说明水动力逐渐变弱,泥质成分增加。学生观察鲕粒灰岩颜色、成分、结构和构造特征进行描述,学会恢复过去的沉积环境。

a.鲕粒灰岩　　　　　　　　　　　　　b.含海绿石鲕粒灰岩

图 5-14　张夏组下灰岩段典型地层与岩性

小知识——鲕粒的形成条件:① 水体浅;② 水体暖(25 ℃左右);③ 水体动荡并挠动;④ 有作为核心的物质来源;⑤ 碳酸钙过饱和。以上条件缺一不可。

No.2

位置:封山东南坡。

观察目的:张夏组(盘车沟页岩段)页岩夹灰岩。

观察内容:张夏组中部的盘车沟页岩段为灰黄色页岩夹中薄层灰岩(图5-15)。

a.页岩夹灰岩　　　　　　　　　　　　　b.页岩

图 5-15　张夏组盘车沟页岩段岩性

No.3

位置:封山南坡。

观察目的:张夏组(盘车沟页岩段)地层。

观察内容:张夏组中部的盘车沟页岩段为灰黄色页岩夹中薄层灰岩。页岩质纯,性脆,易风化。薄层灰岩为蓝灰色,风化后为灰黄色。本段中夹有几层含鲕粒及化石碎片的灰岩,有的尚含少量燧石结核。

No.4

位置：封山东南坡。

观察目的：张夏组（上灰岩段）地层。

观察内容：张夏组上部的上灰岩段为豹皮灰岩、藻礁灰岩（图 5-16）。豹斑为黄褐色，呈不规则状，分布不均匀，成分为泥质，当泥质成分减少时，则渐变为泥晶灰岩，尚含少量燧石结核。

图 5-16　张夏组（上灰岩段）藻礁灰岩

No.5

位置：封山南坡。

观察目的：上寒武统崮山组（下部）地层（$\in_{3-4}g$）。

观察内容：寒武系崮山组的下部为页岩夹薄层灰岩，俗称链条状灰岩、疙瘩状灰岩（图 5-17a），岩性变化与物源物质供给有关。

a.（下部）页岩夹灰岩　　　　　　b.（上部）小竹叶灰岩粒序层

图 5-17　寒武系崮山组地层岩性

No.6

位置：封山南坡。

观察目的：上寒武统崮山组（上部）地层（$\in_{3-4}g$）。

观察内容：崮山组的上部为灰岩层，见小竹叶状灰岩、泥质条带灰岩或疙瘩状灰岩夹页岩、粒屑灰岩、泥晶灰岩。竹叶状灰岩层位见多组粒序变化的序列（图5-17b），每一个序列小竹叶粒屑从下向上由大变小。砾屑→砂屑→粉屑→泥屑，粒屑由粗到细，反映风暴过程的动力条件由强到弱变化。

No.7

位置：封山顶。

观察目的：上寒武统炒米店组地层（$\in_4O_1c$）。

观察内容：炒米店组岩性为灰色薄层灰岩夹竹叶灰岩，并含少量泥质条带灰岩，底部以紫红色带氧化圈的竹叶灰岩与崮山组分界，两者呈整合接触。与下部崮山组小竹叶灰岩不同，炒米店组竹叶状灰岩，见紫红色氧化圈、粒屑大小为30～50 cm。向上层位见含海绿石砂屑灰岩、生物碎屑灰岩，其中见三叶虫生物碎屑。

观察炒米店组震积岩，炒米店组中上部层位见定向竹叶状灰岩（图5-18a），并见震积岩（图5-18b），可观察到泥砂质物质贴灰岩表面，说明整个炒米店组均处于高能环境。

a. 含氧化圈竹叶状灰岩　　　　　　　　　b. 震积岩

图5-18　寒武系炒米店组地层岩性

No.8

位置：封山顶。

观察目的：上寒武统三山子组地层（$\in_4O_1s$）。

观察内容：在实习区内，三山子组由白云岩组成，自下而上分为中薄层段、中厚层段和含燧石段。

中薄层段以黄灰—灰褐色中、薄层细晶白云岩为主，夹厚层细晶白云岩，见明显刀砍纹特征（5-19a）。此段可见含叠层石白云岩，叠层石发育完整、特征明显，横切面、纵切面特征显著（图 5-19b，c）。

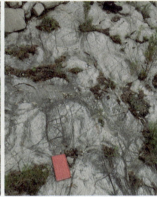

| a. 白云岩刀砍纹 | b. 含叠层石白云岩（横向面） | c. 含叠层石白云岩（垂向面） |

图 5-19　三山子组中薄层段岩性

5. 复习思考题

（1）张夏组的鲕粒灰岩和崮山组的小竹叶灰岩是如何形成的？试分析它们的形成环境。

（2）含氧化圈竹叶状灰岩是如何形成的？

（3）如何在野外区别白云岩与石灰岩？

（4）简要分析白云岩上刀砍纹的形成原因。

5.3　黑山（寺山）路线

1. 路线位置

黑山路线起点在南流泉村西，终点在新泰市养老院。在实习基地上车后，向南流泉村方向行进,在加油站下车后向村东行进,即可到达路线起点。

这是一条备选路线,观察内容与封山路线相同。该路线位于新泰市新汶办事处南部的南流泉村。路线起点在南流泉村西,沿村中上山路沿途观察即可(图 5-20)。

图 5-20   黑山路线及关键地质观察点简图

2. 实习目的与任务

(1)了解早古生代寒武系各地层单元(馒头组上段、张夏组、崮山组、炒米店组、三山子组)发育情况(图 5-21)、岩石类型,巩固有关岩石地层单元划分、地层接触关系、沉积相等方面的知识。

(2)掌握碎屑岩、碳酸盐岩、岩浆岩的岩石学相关知识,包括分类、命名及描述。

(3)了解各组分层的依据,理解沉积环境的变迁。

(4)了解有关古生物化石的知识。

(5)分析研究断层与褶皱的野外工作方法。

3. 教学内容

(1)观察馒头组上段、张夏组、崮山组、炒米店组及三山子组中薄层段、中厚层段的岩性、古生物化石类型,分析其组成岩石的结构、构造类型及沉积环境。

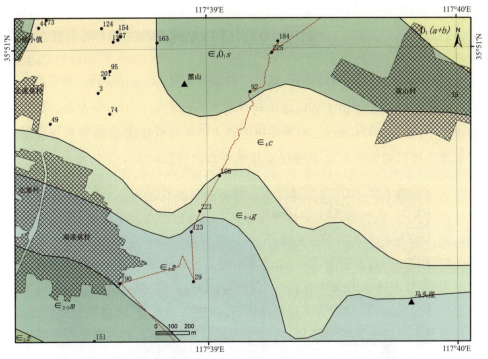

图 5-21　黑山路线地质简图

（2）测量地层产状，分析各组、段之间的接触关系。

（3）分析各组地层的成因。

（4）观察黄山村养鸡场旁向斜的形态，分析其褶皱要素。

（5）测量沿途地层产状变化，分析寺山背斜的空间形态。

4. 路线设计

该路线上地层有张夏组、崮山组、炒米店组以及三山子组等（图 5-21），除可以观察地层发育特征，还可以对封山—寺山向斜进行观察。

该路线是为防止学生拥挤而开辟的封山路线平行路线，实习观察点与内容与封山路线相同，因此不再一一列出观察点。

5. 相关资料

寺山背斜位于新汶办事处寺山庄水库一带，为一长宽相近（约 500 m）的小型穹窿构造。其核部为崮山组岩层，两翼为炒米店组灰岩和三山子组白云岩。该背斜顶部已风化剥蚀成负地形，并积水成水库。黑山路线经过其西翼，沿途产状倾向出现向北向西再向南的转换，从而有助于理解寺山穹窿背斜的存在。

5.4 横山村路线

1.路线简介

该路线位于新泰市小协镇横山村一带。路线起点位于光明水库大坝西端的山脚下,终点为横山村北、京沪高速公路边。在实习基地上车,向西行进至光明水库大坝西端的公路边,即到达该路线的起点(图 5-22)。

图 5-22　横山村路线及关键地质观察点简图

2.实习目的与任务

(1)了解三山子组含燧石段、马家沟群东黄山组至北庵庄组发育情况,巩固有关岩石地层单位划分、地层接触关系及沉积相分析等方面的知识。

(2)巩固有关碳酸盐岩分类、命名及岩石学特征描述方面的知识。

(3)学会识别断层和判断断层性质。

3.教学内容

(1)沿途观察三山子组含燧石段、马家沟群东黄山组、北庵庄组的岩性(图 5-23),寻找地层分界点,测量地层产状;分析各组、段之间的接触关系。

(2)观察北庵庄组的开采情况,分析开采原因;在采坑内寻找晶簇状方解石及树枝状假化石,并分析其成因。

图 5-23 横山村路线地质简图

4. 教学路线设计

经过光明水库大坝后可以向左沿湖滨公路的上坡小路向山上行进观察,也可以向左沿湖滨公路边走边观察,观察中始终要有地层分布的空间概念,不可被山上岩层产状的假象所迷惑。从横山上下来后可沿村中道路返回光明水库大坝,在途中观察三山子组含燧石段与东黄山组的分界线。

该路线设计 5 个观察点(No.1～No.5),观察内容如下。

No.1

位置:光明水库大坝南。

观察目的:上寒武统三山子组下段地层($\in_4 O_1 s$)。

观察内容:在实习区内,三山子组由白云岩组成,自下而上分为中薄层段、中厚层段和含燧石段。

观察三山子组下段中薄层白云岩,测量产状,画信手剖面图。

观察三山子组中段中厚层细晶白云岩、泥质白云岩、小竹叶状白云岩,测量产状,画信手剖面图。

观察三山子组中段糖粒状白云岩,观察下段和中段之间的平行不整合接触面,表明在此期间存在沉积间断。

No.2

位置:光明水库大坝南。

观察目的:三山子组内的断层观察点。

观察内容:观察三山子组断层角砾岩岩性,测量产状,画信手剖面图。在实习地形图上进行标绘,分析水库与断层之间的联系。

No.3

位置:光明水库大坝北。

观察目的:三山子组含燧石段与东黄山组的岩性特征和接触关系。

观察内容:观察三山子组上段含燧石/燧石条带白云岩(图5-24),测量地层产状,画信手剖面图。

a. 中段厚层砂糖状白云岩   b. 中段可见竹叶状白云岩   c. 三山子组含燧石白云岩

图5-24 寒武系三山子组地层岩性

观察三山子组上段与东黄山组之间的接触关系,东黄山组底部见古风化壳(图5-25a),风化壳底部见底砾岩层,向上为黏土层。

观察东黄山组灰黄色薄层泥质白云岩、灰质白云岩、中厚层角砾状白云岩。

a. 东黄山组下部古风化壳　　　　　　　b. 北庵庄组灰岩

图 5-25　东黄山组和北庵庄组典型岩性

No.4

位置：横山山坡上。

观察目的：观察断层，学会判别断层性质。

观察内容：观察断层角砾岩的岩性特征。观察断裂带内方解石脉的充填情况。观察断层面上的擦痕，判断断层性质（图 5-26）。追踪断裂带两侧地层的分布。利用 GPS 定点的方法追踪断层走向，并绘制到图上。

图 5-26　横山上的断层角砾岩

No.5

位置：光明水库大坝北。

观察目的：北庵庄组岩性特征。

观察内容：北庵庄组岩性为灰岩（图5-25b），见溶洞残留、洞穴角砾。向上层位见泥晶灰岩，测量地层产状，画信手剖面图。向北眺望土峪组、五阳山组、阁庄组、八陡组，建立地层层序的空间概念。

5. 复习思考题

（1）三山子组 a 段和 b 段的典型区分标志是什么？

（2）含氧化圈竹叶状灰岩是如何形成的？

（3）分析砂糖状白云岩的形成环境。

（4）分析横山山坡上断层形成的原因。

5.5 碗窑头路线

1. 路线简介

该路线位于新泰市小协镇碗窑头村一带，路线起点位于碗窑头村东的废矿坑，终点在该村西部的南北路西侧。在实习基地上车，向西经小协镇政府驻地后继续前行，即可到达碗窑头村东（图5-27）。

图 5-27　碗窑头村路线及关键地质观察点简图

2. 实习目的与任务

（1）了解八陡组、本溪组、太原组发育情况，巩固有关岩石地层单位划分、地层接触关系及沉积相分析等方面的知识。

（2）巩固有关碳酸盐岩、碎屑岩分类、命名及岩石学特征方面的知识。

（3）巩固有关古生物化石的知识。

（4）学会在平地上分析断层的野外工作方法。

（5）了解岩石球状风化机理。

3. 教学内容

（1）观察八陡组及本溪组、太原组（图 5-28）的岩性、古生物化石类型，分析其成因，测量地层产状；分析各组（段）之间的接触关系。

（2）调查本溪组底部铁铝质黏土岩的开采历史和停采原因。

（3）观察太原组砂岩的球状风化现象，分析其形成机理。

（4）观察山后村—碗窑头断层的野外标志，分析断层面产状及断层性质。

4. 教学路线设计

在碗窑头村加油站下车后，先沿村中小路一直向南到达林地，观察八陡组岩性，然后折回小路沿层面向西到达风化壳，向北观察本溪组与太原组岩性，再沿太原组地层层面向西到达村中公路，观察地层错动，最后向北走出村庄，沿途观察房屋上的裂缝。

该路线设计 4 个观察点（No.1～No.4），观察内容如下。

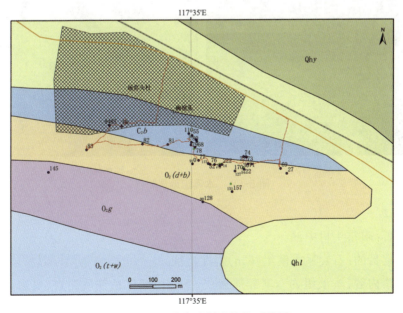

图 5-28　碗窑头村路线地质简图

No.1

位置：碗窑头村东。

观察目的：认识八陡组岩性特征。

观察内容：八陡组为灰岩、云斑灰岩，云斑部分已白云岩化，局部夹藻凝块灰岩、泥质灰岩、白云岩。

注意云斑与泥斑区别，泥斑主要为沉积泥粒作用形成，云斑主要由生物作用及后期离子交换作用而发生白云岩化形成。

观察本溪组（C_2b）底部的古风化壳，可见铝土层、铁质层（图 5-29a），分析与下伏八陡组的接触关系。

本溪组岩性为紫红色铁质铝土岩以及紫、黄、灰白、斑杂色铝土岩，夹有 2～4 层泥晶灰岩（图 5-29b），局部可见泥质粉砂岩、紫红色含长石石英砂岩和砂砾岩透镜体。

a. 底部古风化壳　　　　　　　　　　　b. 泥晶灰岩

图 5-29　本溪组地层岩性

No.2

位置：碗窑头村中部。

观察目的：石炭系本溪组（C_2b）岩性特征。

观察内容：本溪组为一套碎屑岩层，下部由紫红色铁质泥岩、页岩、青灰—灰白色铝土质泥岩、铝土岩组成（即湖田段）；上部由浅灰色、灰黄色长石石英砂岩以及砂质页岩等组成(图 5-29b)。测量地层产状,绘制信手剖面图。分析本溪组地层的沉积环境。

No.3

位置:碗窑头村中部。

观察目的:石炭系太原组(C_2P_1t)岩性特征。

观察内容:太原组以灰色厚层含生物灰岩、泥晶灰岩、页岩、泥质粉砂岩、砂岩为主,灰岩中产丰富的珊瑚、海百合茎、腕足类和蟆类化石,出现稳定的灰岩就是太原组开始的标志(图 5-30)。此处有 6 个岩性观察点(泥晶灰岩、海百合茎、黄铁矿、粗砂岩、页岩、粉砂岩),注意观察粉砂岩到粗砂岩的沉积旋回。学生观察结束后对太原组地层进行整体描述。测量地层产状,绘制信手剖面图。分析太原组地层的沉积环境,太原组在该区整体为滨湖沼泽相,由滨湖相向沼泽相过渡。

a. 泥晶灰岩　　　　　　　b. 含海百合化灰岩　　　　　　c. 粗砂岩

图 5-30　太原组地层典型岩性

No.4

位置:碗窑头村中。

观察目的:八陡组豹皮灰岩和断层。

观察内容:观察八陡组豹皮灰岩、云斑灰岩,分析豹皮和云斑形成原因。追踪观察断层角砾岩(5-31)。观察断层带后的民居,分析断层对工程建设的影响。

5. 复习思考题

(1)八陡组与本溪组之间的古风化壳是如何形成的?

图 5-31　断层角砾岩

（2）分析导致岩石发生球状风化的主要因素。

（3）分析碗窑头断层存在的标志及对工程建设的影响。

5.6　汶南—公家庄—盘古庄—朱家沟路线

1. 路线位置

该路线位于新泰市东南部。路线起点位于新泰市汶南镇嘉和社区，终点在汶南镇盘古庄村西朱家沟一线（图5-32）。

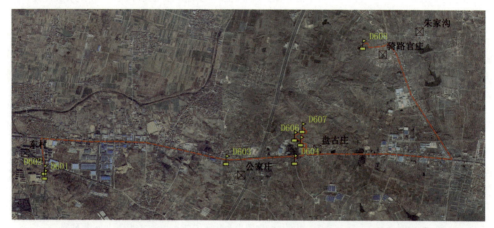

图5-32　汶南—公家庄—盘古庄—朱家沟路线及关键地质观察点简图

2. 实习目的与任务

（1）了解侏罗系三台组、白垩系莱阳群水南组、城山后组、马连坡组、古近系官庄群常路组、朱家沟组的各段发育情况（图5-33）、岩石类型，巩固有关岩石地层单元划分、地层接触关系、沉积相等方面的知识。

（2）巩固关于碎屑岩、碳酸盐岩的岩石学相关知识，包括分类、命名及描述。

（3）提高分析断层和节理的野外工作能力。

3. 教学内容

（1）观察三台组（砂岩段沉积构造）、止凤庄组、水南组及城山后组一段的岩性，分析其沉积环境；测量地层产状；分析各组段之间的接触关系。

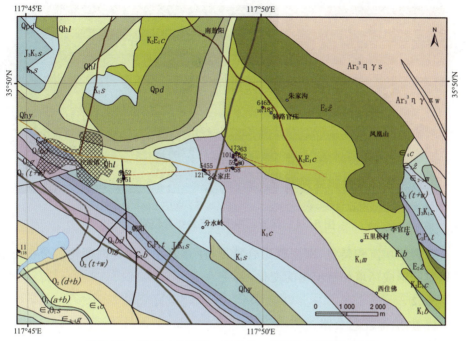

图 5-33　汶南—公家庄—盘古庄—朱家沟路线地质简图

（2）观察水南组内小断层、节理发育情况，分析其力学性质和形成时间等。

（3）到达盘古庄，观察马连坡组、古近系官庄群常路组的各段岩性、砾石成分，分析其沉积环境。

（4）到达朱家沟村，观察朱家沟组的岩性、砾石成分，分析其沉积环境。

4. 教学路线设计

在嘉禾社区下车后，观察三台组地层岩性，然后乘车到达公家庄观察水南组地层，再上车到达盘古庄前观察城山后组岩性，步行到盘古庄北经过河流，观察马连坡组岩性，经过树林到达常路组露头。观察结束后乘车到达朱家沟村，走过村中小路可见朱家沟组露头。

该路线设计 6 个观察点（No.1～No.6），观察内容如下。

No.1

位置：汶南东村东分水岭村附近。

观察目的：侏罗系淄博群（$(J_2$-$K_1Z)$）三台组（J_3K_1s）地层。

观察内容：观察三台组（$J_{2-3}s$）砾岩、粉砂岩的颜色、成分、结构、构造，作记录，测量产状（图 5-34）。

a.侏罗纪中上统三台组砾岩　　　　b.侏罗纪中上统三台组粉砂岩

图 5-34　侏罗纪中上统三台组典型岩性

观察地层沉积特征,即岩性组合特征,注意岩性与层厚的变化。分析三台组地层的形成环境和沉积相的变化。

No.2

位置:公家庄村公路。

观察目的:白垩系莱阳群水南组地层(图 5-35)。

观察内容:观察白垩系莱阳群水南组(K_1s)泥岩、粉砂岩的颜色、成分、结构、构造,作记录,测量产状。

观察地层沉积特征,即岩性组合特征,注意岩性与层厚的变化。分析水南组的形成环境和沉积相的变化。

观察水南组的层间断裂(图 5-36),画剖面图或素描图。

图 5-35　白垩系莱阳群水南组粉砂岩　　　图 5-36　白垩系莱阳群水南组层间断裂

No.3

位置：盘古庄村西。

观察目的：白垩系莱阳群城山后组（K_1c）（图 5-37）与马连坡组（K_1m）地层及其接触关系。

观察内容：观察白垩系莱阳群城山后组（K_1c）凝灰质粉砂岩的颜色、成分、结构、构造，作记录，测量产状。

观察城山后组沉积特征，即岩性组合特征，注意岩性与层厚的变化。分析城山后组的形成环境和沉积相的变化。

a. 城山后组凝灰质粉砂岩 b. 城山后组凝灰质粉砂岩中泥砾

图 5-37　城山后组典型岩性

No.4

位置：盘古庄村北。

观察目的：白垩系莱阳群马连坡组（K_1m）地层。

观察内容：观察白垩系莱阳群马连坡组（K_1m）含砾砂岩的颜色、成分、结构、构造，作记录，测量产状。

观察地层沉积特征，即岩性组合特征，注意岩性与层厚的变化（图 5-38）。分析马连坡组的形成环境和沉积相的变化。

No.5

位置：盘古庄村北。

观察目的：古近系始新统官庄群（K_2-EG）常路组（$K_2E_1\hat{c}$）（图 5-39）地层及其与下伏白垩系莱阳群之间的接触关系。

观察内容：观察官庄群常路组复成分砾岩—砂岩—泥岩的颜色、成分、结构、构造，作记录，测量产状。

观察地层沉积特征和沉积旋回，即岩性组合特征，注意岩性与层厚的变化。分析常路组的形成环境和沉积相的变化。

图5-38 白垩系莱阳群
马连坡组含砾砂岩

图5-39 古近系官庄群常路组
砾岩—砂岩—泥岩

No.6

位置：朱家沟村西北。

观察目的：古近系始新统官庄群（K_2-EG）朱家沟组（$E_2\hat{z}$）。

观察内容：观察朱家沟组底部砾岩的颜色、成分、结构、构造，作记录，测量产状。

观察地层沉积特征和沉积旋回，即岩性组合特征，注意岩性与层厚的变化。分析朱家沟组的形成环境和沉积相的变化。

绘制盘古庄村—朱家沟村路线的信手剖面图，理解岩层的接触关系及其在新汶盆地中的位置。

5.复习思考题

（1）三台组是在什么沉积环境中形成的？

（2）由水南组到城山后组岩性出现由粉砂岩到砾岩的变化，这是什么原因造成的？

（3）常路组与马连坡组是什么接触关系？二者中间是否有沉积间断？

（4）朱家沟组的砾岩是如何形成的？

朝阳洞路线

1. 路线位置

路线简介：该路线位于新泰市南部盘车沟村北部至朝阳洞景区顶部（图 5-40）。

路线详情：在实习基地上车出发后，于新泰市南部盘车沟村北部下车，步行到朝阳洞景区，沿途可观察到馒头组洪河段砂岩、下页岩段，其他地层已被第四系覆盖。到达朝阳洞景区坡下，可见泰山岩群片麻岩出露，沿山坡向景区顶部行进的线路上依次可见太古代片麻岩、寒武系朱砂洞组、馒头组、张夏组地层单元出露。

地质路线：路线起点位于新泰市南部盘车沟村北部，终点为朝阳洞景区顶陡坎处下部，全程约 800 m，高程差约 110 m。

2. 实习目的与任务

该路线地层与封山和黑山路线重复，但露头更为良好，建议将此路线作为实测剖面路线，学生分组进行实测剖面工作。

图 5-40　实测剖面盘车沟—朝阳洞路线及地质观察点简图

该路线地质观察点（No.1）情况如下。

No.1

位置：朝阳洞南坡。

观察目的：进行实测剖面。

观察内容：以小组为单位完成。

5.8   西西周路线

1.路线位置

该路线位于新泰市青云街道办事处西部。路线起点在西西周水库东侧，终点在榆山南坡（图5-41）。

图5-41   西西周路线及关键地质观察点简图

2.实习目的与任务

（1）认识区域变质岩、动力变质岩、碎屑岩分类、命名及岩石学特征描述方面的知识。

（2）了解断裂的野外识别方法。

（3）理解区域地质构造背景和实习区地层分布样式（图5-42）。

（4）进一步了解泰山岩群的分布特征。

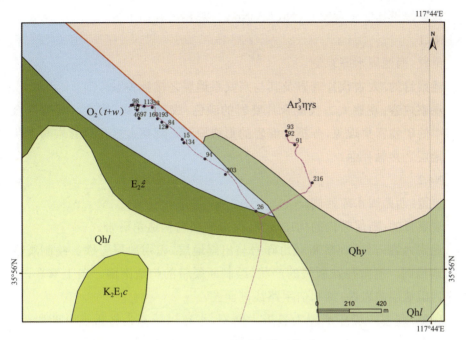

图 5-42　西西周路线地质简图

3.教学内容

（1）观察蒙山超单元东马家林单元岩体的变质情况,分析变质岩的岩石学特征。

（2）观察呈残留体形式存在的泰山群雁翎关组岩石的岩性,测量残留体的分布方向,观察其断面上的构造特征,分析其成因。

（3）观察新泰—垛庄断裂的识别标志,作地质路线剖面图,分析其力学性质及活动历史。

（4）观察朱家沟组砾岩的岩性,分析其物源沉积环境等。

4.教学路线设计

在实习基地上车,由新泰市城西沿公路至葛沟桥,向北至榆山一带,再到西西周水库（四清水库）附近,即到达路线起点。在西西周下车后,向东经过大坝到达西西周村,而后向北到达变质岩观察点,再折回下车地点沿路向西北观察。

该路线观察的内容主要为官庄组、官庄组和奥陶系的角度不整合,以及新泰—垛庄大断裂,兼顾对片麻状花岗闪长岩的观察。

该路线设计 2 个观察点(No.1～No.2),观察内容如下。

No.1

位置:西西周水库东侧。

观察目的:太古代片麻岩及其与寒武系地层之接触关系。

观察内容:观察太古代混合片麻岩的颜色、成分、结构、构造。观察混合片麻岩中的矿物富集现象,分析片麻岩的形成原因。观察太古代片麻岩与上伏寒武系地层之接触界面。

No.2

位置:西西周水库西侧。

观察目的:断层带内的构造现象,区分岩层与构造角砾岩。

观察内容:沿途观察断层角砾岩与出露地层,识别地层岩性。绘制观察现象的素描图。测量控盆断裂的产状,绘制断裂带的构造剖面。向上攀登,观察朱家沟组地层的岩性,绘制信手路线剖面图。

现象:新泰—垛庄断裂为弧形大断裂,大致以新泰为转折点分两段,以西为近东西向,在西西周—榆山一带出露较好。在西西周断层面处,可见断层角砾,较直立,断层面产状 145° ∠60°。断层附近的灰岩表面溶孔、溶沟比较发育。许多小的灰岩角砾被亮晶方解石重新胶结。而在榆山断层面更明显,断层上下两盘同样为官庄组上段砾岩和马家沟群灰岩,和西西周断层一样,断层面产状 145° ∠60°,断面处见断层角砾,而且上盘砾岩层在断层处存在滑塌变形的现象。

5.复习思考题

(1)新泰—垛庄断裂形成于什么时间?

(2)朱家沟组地层的出现与控盆断裂有什么关系?

5.9　青云山路线

1.路线位置

该路线位于新泰市主城区东部的青石山省级地质公园内。路线起点位于地质公园西北角的石碑处,终点在青云山东南部的山脚下。在实习基地上车,穿过新泰市主城区和青云湖大坝,即可到达路线起点。

2. 实习目的与任务

（1）了解侵入岩岩石谱系划分的方法和意义。

（2）认识冰川遗迹，分析其成因。

（3）识别地质灾害，分析其成因。

（4）了解青云山省级地质公园内地质景观的特点、成因及人文景观的分布、历史，分析建立地质公园的意义。

3. 教学内容

（1）观察傲徕山超单元内岩性的变化情况，划分侵入岩单元。

（2）观察新泰—垛庄大断裂青云山段、崩塌地质灾害遗迹、第四纪冰川遗迹等，分析其成因。

4. 教学路线设计

从青云山地质公园入口沿路向主峰攀登。

青云山是泰山山脉的东延部分，整个山体全部由混合岩化的花岗岩组成，构成一条简单的山脊，呈北西—南东向延伸达 4 km。最高点位于山体的东南段，海拔高度为 495.1 m。青云山省级地质公园的总面积为 32.5 km²，公园内地质地貌景观多样，早元古代花岗岩的岩性岩相剖面、新泰—垛庄大断裂、花岗岩奇石地貌、崩塌地质灾害遗迹、花岗岩球状风化、第四纪冰川遗迹构成了青云山的独特地质景观。对部分地质景观简介如下。

（1）早元古代花岗岩剖面。

青云山花岗岩形成于早元古代，其岩石组合包括吕梁期傲徕山超单元中的五个单元，即蒋峪单元、条花峪单元、邱子峪单元，松山单元和虎山单元，岩性为条带状中粒黑云二长花岗岩、片麻状中粒黑云二长花岗岩、斑状中粒二长花岗岩等。

（2）新泰—垛庄大断裂青云山段。

位于公园西部的新泰—垛庄大断裂青云山段为张性断裂。它控制了新泰中部山脉、平原与河流的形成与发展，为园区凸起与凹陷的边界断裂。断裂面两侧的元古代花岗岩与古近系砾岩直接接触，两种不同岩性的形成时间相差约 23 亿年。

（3）第四纪冰川遗迹。

在青石山上还发现刃脊、角峰、冰漂砾、冰臼等第四纪冰川遗迹。

① 刃脊和角峰。

呈北西—南东方向延伸的整个山脊就是刃脊。刃脊两侧山坡的坡角平均可达 55°，而最陡处可超过 70°，青石峰则为刃脊上的角峰（图 5-43a）。

② 冰漂砾。

在狭窄的山脊上，多处可见直径 3 m 以上的巨石漂砾（图 5-43b），漂砾上还可以见到不规则的刻划痕迹。

③ 冰臼。

在山体中段的刃脊上，可见多个冰臼（图 5-43c）。冰臼呈椭圆形，底部为平底锅形的近水平面，内壁呈螺旋形凹陷，但在椭圆长轴方向稍低矮的一端有一到两个豁口。

a. 刃脊和角峰

b. 冰漂砾

c. 冰臼

d. 风蚀壁龛

图 5-43 第四纪冰川遗迹

④ 风蚀壁龛。

这种风蚀壁龛是否为冰川遗迹是有争议的，其形成原因可能与冰川活动有关。在 250 万年前，地球进入第四纪冰川时期，冰融风化交替作用了千百万年，强烈的冰川运动成了改造地貌山貌的刻刀，在山体上留下了刀劈斧凿的痕迹。在常年风的作用下,风沙在陡峭的迎风岩壁上进行磨蚀和吹蚀,形成大小不等、形状各异的凹坑(图 5-43d),其直径多在 20 cm,深度为 10～15 cm,有的分散,有的群集。密集分布的凹坑,中间隔以狭窄的石条,形状似窗格或蜂窝,又称为石窝。风蚀壁龛在砂岩和花岗岩壁上发育的最好,青云山整个山体全部由混合岩化的花岗岩组成而容易形成这种地貌。

5. 复习思考题

(1)青云山是由花岗岩组成的山体吗? 为什么?

(2)风蚀壁龛与第四纪冰川遗迹有何联系?

5.10　法云山褶皱路线

1. 路线概述

该路线的观察点主要位于刘杜镇正北方向的法云山南及法云山东南沟。法云山,在新泰城西南 20 km 处,位于刘杜镇北、光明水库东。山上有始建于东汉的正觉寺,庙貌巍峨,为一方巨观。

2. 实习目的与任务

(1)认识短轴背斜构造及向斜构造的构造样式,建立褶皱构造的概念。

(2)了解褶皱构造的野外识别方法。

(3)理解实习区地层的空间展布。

(4)分析褶皱构造的类型与形成时代。

3. 教学内容

(1)观察背斜东翼的小褶皱构造,分析受力特征。

(2)观察背斜东翼的断层构造,判断其类型,分析区域应力场的分布。

(3)测量褶皱构造两翼的产状,绘制褶皱构造剖面示意图。

4. 教学路线设计

在实习基地上车,由新泰市城西沿公路至刘杜镇正北方向的法光明村口下车,沿村中公路向北观察(图 5-44)。

该路线设计 4 个观察点(No.1～No.4),观察内容如下。

图 5-44　法云山路线及关键地质观察点简图

No.1

位置：光明小区西"人"字形路口。

观察目的：张夏组地层及产状。

观察内容：沿途观察张夏组页岩段岩性，测量地层产状。绘制观察现象的素描图。

No.2

位置：沿公路向北。

观察目的：绘制路线剖面图。

观察内容：沿途观察张夏组褶皱构造，测量褶皱构造产状。绘制路线剖面图。

在光明村北的西南侧，上寒武统张夏组上灰岩段灰色豹斑灰岩夹黄色页岩褶皱变形。背斜构造与向斜构造连续出现构成明显的褶皱形态（图 5-45）。

No.3

位置：光明小区正西。

观察目的：张夏组地层中的小褶皱构造。

观察内容：观察沿途出露地层，识别地层岩性特征，测量地层产状。绘制路线剖面图。

图 5-45 光明村北小褶皱图

No.4

位置:沿山中小路向北,上法云山,然后向东经过柏角欲村,再沿路向南观察。

观察目的:通过穿越法认识短轴背斜构造。

观察内容:沿途出露地层,识别地层岩性特征,测量地层产状。绘制褶皱构造的平面图(图 5-46)。绘制路线剖面图(图 5-57)。

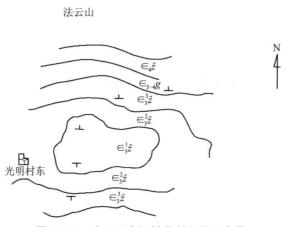

图 5-46 法云山南短轴背斜平面示意图

小知识:法云山南短轴背斜的核部为张夏组第一段($\in_3^1 \hat{z}$)深灰色中厚层鲕粒灰岩(未全部出露),两翼为张夏组第二段黄绿色页岩、第三段豹斑灰岩夹黄绿色页岩、崮山组及炒米店组。法云山顶为炒米店组。背斜轴近东西向,长约 300 m,核部出露宽度 150 m,为短轴背斜。张夏组第二段之黄绿色页岩在东部转折,而在西部敞开,形如箕状。张夏组第三段之豹斑灰岩及崮山组和炒米店组,无论在东部还是在西部均未形成转折端,实质上为单斜岩层。背斜两翼地层倾向相背,北翼产状 NE80° ∠12°,南翼产状 SW105° ∠13°,轴面微向北倾,枢纽东高西底,东部转折端产状平缓(倾角在 15° 以内),并被小型纵折断层切割。西部转折端被第四系覆盖,背斜核部裂隙发育,形成低洼的负地形(图 5-46 和图 5-47)。

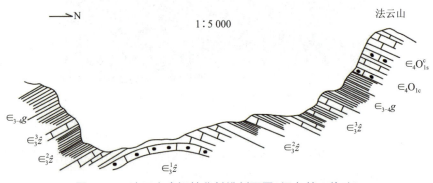

图 5-47　法云山南短轴背斜横剖面图(据文献 2 修改)

5.复习与思考

(1)褶皱是怎样形成的?褶曲要素有哪些?

(2)影响褶皱的因素有哪些?

(3)在褶皱发育地区如何进行野外调查和研究?

5.11　平邑柏林镇路线

1.路线位置

路线详情:该条路线作为实习区外围路线,主要出露上白垩统-始新统官庄群地层。

2.实习目的与任务

(1)了解古近系始新统官庄群卞桥组、常路组、朱家沟组的各段发育情况、岩石类型,巩固有关岩石地层单元划分、地层接触关系、沉积相等方面的知识。

(2)巩固关于碎屑岩、碳酸盐岩的岩石学相关知识,包括分类、命名及描述。

(3)理解湖泊的发育消亡历史:河道相→滨湖→浅湖→半深湖→浅湖→三角洲→冲积扇。

3. 教学内容

认识官庄群地层岩性，分析沉积环境与演化规律。

4. 教学路线设计

在实习基地上车出发后，于平邑县柏林镇温水南林小学东侧停车，进入地质路线起点，向北东方向步行，到蒙西线北侧采石坑处结束路线，全程 1.9 km（图 5-48）。

图 5-48　古近系始新统官庄群路线及关键地质观察点

该路线设计 6 个观察点（No.1～No.6），观察内容如下。

No.1

位置：汶泗公路一饭店后。

观察目的：古近系始新统官庄群地层岩性。

观察内容：观察古近系始新统官庄群卞桥组一段的含砾灰岩。

古近系始新统官庄群分为固城组、卞桥组、常路组、朱家沟组，在古近系始新统官庄群见后三组。

古近系始新统官庄群卞桥组一段见含砾灰岩，砾石成分以灰岩为主（图 5-49a），反映河流相沉积。

No.2

位置：蒙西线锯木厂东。

观察目的：观察卞桥组二段的礁灰岩。

观察内容：卞桥组二段以灰岩为主，见礁灰岩（图 5-49b）、核形灰岩等。

No.3

位置：蒙西线与高速路交叉口西。

观察目的：观察卞桥组二段的核形石灰岩。

观察内容：本点见卞桥组二段核形石灰岩（图 5-49c），核形石中心为砾石，外围亮暗层反映水藻生长环境，温暖期为暗层，寒冷期为亮层。

核形石反映滨湖相环境。核形石由大到小变化，反映能量减弱。

向上见生物碎屑灰岩，反映水动力减弱。

No.4

位置：蒙西线与高速路交叉口东。

观察目的：观察卞桥组的自生白云岩、石膏层。

观察内容：卞桥组上部层位为自生白云岩（图 5-49d），顶部见石膏层，反映干旱的环境。

a. 卞桥组一段含砾灰岩

b. 卞桥组二段礁灰岩

c. 卞桥组二段核形石灰岩

d. 卞桥组二段自生白云岩

图 5-49　古近系始新统官庄群卞桥组典型岩石照片

No.5

位置：蒙西线与高速路交叉口采石坑。

观察目的：观察常路组的泥晶灰岩。

观察内容：常路组下部为泥晶灰岩（图 5-50a），局部变为泥晶白云岩（图 5-50b），反映半深湖环境。

向上层位常路组为砾岩—砂岩—泥岩段，与汶南—公家庄—盘古庄—朱家沟路线相似，反映河流相特征，湖泊消亡。

a. 泥晶灰岩　　　　　　　　　　　b. 泥晶白云岩

图 5-50　古近系始新统官庄群常路组典型岩石照片

No.6

位置：巩固庄村西废弃采石坑。

观察目的：观察朱家沟组砾岩、砂岩。

观察内容：朱家沟组见明显的砾岩（图 5-51）、砂岩沉积，砾岩成分复杂（源自老地层岩石），反映山洪沉积特征，为洪积相。

朱家沟组与下伏常路组之间为不整合接触，有古风化壳和沉积间断。

图 5-51　平邑柏林镇朱家沟组砾岩

地质背景：平邑盆地位于山东省平邑县柏林镇柏林村，地处鲁西隆起带汶泗凹陷的东南延伸部位，盆地呈 NW-SE 向展布，是一个狭长的断陷湖盆（图5-52），面积约为 540 km²。蒙山断裂东北部隆起为剥蚀区。盆地内下白垩统青山群八亩地组火山碎屑岩之上平邑盆地在古近系沉积时期接收了厚度超过 2 km 的一套碎屑岩和泥灰岩（曲日涛等，2006），谭锡畴（1923年）称之为官庄系，迟培星等（1994年）将平邑盆地的官庄系（组）改称官庄群，自下而上进一步分为固城组（K_2g）、卞桥组（K_2E_1b）、常路组（K_2E_1c）和朱家沟组（E_2z）。官庄群地层主要发育碳酸盐岩，具有厚度大、分类广、类型多的特点（郑德顺等，2012）。

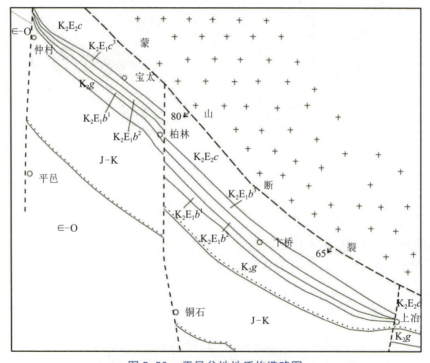

图 5-52　平邑盆地地质构造略图

4. 复习与思考

（1）卞桥组一段的含砾灰岩是如何形成的？

（2）卞桥组的自生白云岩和石膏层是在什么环境中形成的？

5.12　莱芜路线

1. 路线位置

路线简介:济南市莱芜区红石公园内。

该条路线作为实习区外围路线,主要观察莱芜红石公园红色的丹霞地貌景观,公园因红石而得名。该红石形成年代为距今 1 亿多年前的中生代侏罗纪,在地层上属于中生界中上侏罗统三台组,上部覆盖第四纪薄土层,下部为石炭-二叠系地层。公园内出露的红色岩层主要是进行工程建设时开挖河道才显露出来的,出露高度为 $0 \sim 3$ m。

地质背景:莱芜市位于山东省中部,泰山东麓,北、东、南三面环山,形态上为半圆形盆地。莱芜地区在晚侏罗纪时,由燕山运动导致沂沭断裂带西盘产生多条断裂,形成莱芜盆地。新生代莱芜地区受喜马拉雅运动影响,断层、褶皱发育。红层主要出露于莱芜市区的八里沟向斜,该向斜西面起于八里沟,走向为WE-NNE 方向,总长度约 10 km。向斜的两翼为石炭系和二叠系地层,核部为侏罗系地层。

岩性特征:岩性主要是紫红色细砂岩和粉砂岩,缺少砾石和化石。矿物组成主要为石英和长石,黏土矿物少见,钙质胶结。石英颗粒呈次棱角状,颗粒表面具有溶蚀坑和鳞片状剥落,少数具有碟形撞击坑。在颗粒粒径上主要为细沙,其次为中沙和极细沙,含有少量粗沙和黏土成分。根据分选系数来看,分选性较差。岩石具有水平层理和大型高角度交错层理(图 5-53)。大型高角度交错层理的最大角度为 30°,厚度约 1.5 m。

2. 实习目的与任务

该地区主要地质单元为华北基底与早古生代地层单元。

(1)了解早古生代寒武系朱砂洞组上段到馒头组中上段的各段发育情况、岩石类型,巩固有关岩石地层单元划分、地层接触关系、沉积相等方面的知识。

(2)巩固关于碎屑岩的岩石学相关知识,包括分类、命名及描述。

3. 野外观察内容

野外观察点主要设计为红石公园观察点。

该点主要为地貌景观特征观察,岩石为中生代侏罗系淄博群三台组红色长石砂岩,交错层理发育(图 5-53)。

a. 红色砂岩发育大型前积层理　　　　　　　　b. 多套大型前积层理叠加

图 5-53　淄博群三台组红色长石砂岩交错层理

关于沉积环境主要存在以下两种观点。

观点①:考虑构造、物源、湖平面以及沉积微相特征,该沉积具有浅水三角洲沉积特征。其沉积环境可能为三角洲前缘远沙坝、席状砂沉积、三角洲前缘水下分流河道、河口坝沉积(图 5-54)。后因断层活动导致地壳抬升,其暴露于地表,在干旱炎热、强氧化环境下形成红色砂岩地貌景观。

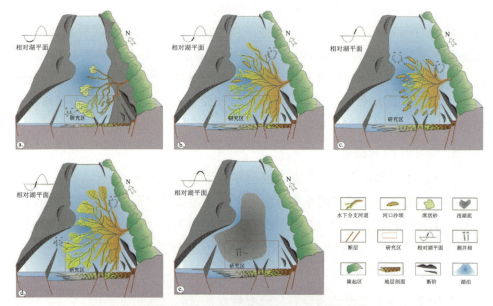

图 5-54　断陷盆地内浅水三角洲深海模式(范乐元等,2021)

观点②：从矿物成分和沉积物结构上判断可能为干燥气候条件下的季节性河流沉积。当季节性洪水到来后，带来大量泥沙沉积；洪水过后，河流水量迅速蒸发，甚至干涸。这样洪水期间沉积的物质处于强氧化状态，形成红色砂粒沉积。莱芜红石具有与丹霞地貌沉积物相同的成因，应为山东地区少见的丹霞地貌景观。

学生在观察时要注意交错层理间是否存在小型冲刷面或者是沉积间断面分隔，是否存在向上变细的沉积旋回（正韵律沉积）特征？注意分析槽状交错层理以及楔状交错层理等强水动力成因。

5.13　昌乐路线

1. 路线位置

路线简介：昌乐火山国家地质公园内（图 5-55）。

图 5-55　昌乐火山国家地质公园路线及关键地质观察点简图

2. 实习目的与任务

了解昌乐玄武岩发育情况、岩石类型，巩固有关火山岩的岩石学相关知识，包括分类、命名及描述。

3.野外观察内容

观察昌乐古火山口构造、玄武岩柱状节理特征(图 5-56)、岩石特征。

图 5-56　玄武岩柱状节理

观察火山口外围火山集块岩(图 5-57),并在火山岩中见明显的气孔构造(图 5-58)、球形风化(图 5-59)等特征。

图 5-57　火山集块岩　　图 5-58　玄武岩气孔构造　　图 5-59　玄武岩球形风化

该条路线作为实习区外围路线,主要观察以下内容。

(1)火山群。

火山群位于该镇郝家沟西北坡,为全国古火山群唯一集中的地区,群体规模大,具有完整性和典型性,是不可再生的地质遗产。从一座座气势恢宏、形态各异的火山口断面可以明显看出,这里的火山喷发纹理清晰,整体形象尤为壮观。学生注意观察火山机构和火山岩相。

地质背景:距今 1 800 万年前,由于沂沭区域性大断裂的再次活动,地壳深部的玄武岩浆沿着地壳的薄弱地带冲出地壳,在今潍坊市境内形成大面积的火山喷发,直到新第三纪上新世,这一带火山活动才逐步停息。在 1 000 多万年的时间里,共有 3 次较大规模的火山喷发活动,波及范围 1 000 多平方千米。火山活动给我们带来许多宝贵的矿产资源,蓝宝石就是火山活动带来的重要矿产,还有含有多种微量元素的优质矿泉水等。

(2)物质组成特征。

郝家沟火山岩的颜色较团山子火山颈物质更深,岩性更致密,大量来自深源的包体(图 5-60a)和长石单晶体(图 5-60b)也更大。岩石呈斑状结构,总体来说较团山子晶体粒度更小,斑晶主要由橄榄石、辉石组成。在偏光显微镜下观察,其成分与团山子火山颈相同,但基质结晶更差,呈间隐结构,即由斜长石微晶组成的间隙中充填着玻璃质、隐晶质。上述特征表明,该火山岩较团山子火山岩喷发、冷凝速度更快。

a. 火山岩中的橄榄岩捕虏体　　　　　　b. 火山岩中的斜长石包裹体

图 5-60　郝家沟火山岩的捕虏体和包裹体

(3)溢流相的熔岩台地。

火山口周围分布着大面积的火山熔岩台地,土质较好,春、夏、秋季农作物与草木繁茂。从火山口由近及远,熔岩厚度变薄。由于熔岩由多期火山喷发而成,各喷发期物理化学条件不尽相同,从而直接反映在颜色、结构和构造的变化上。

4.复习与思考

（1）从几个特征可判断实习点是一个火山口？

（2）从火山口外向火山颈依次出现什么样的岩石类型？

（3）如何区分捕虏体和包裹体？

思考题

（1）哪几条路线基本覆盖了从太古宇到新生界的地层？

（2）如果你是实习带队教师，你将如何安排实习路线？

（3）外围路线对本次实习的目标有帮助吗？为什么？

第6章　区域地质调查程序与方法

内容提要　本章主要介绍区域地质调查程序与方法，包括调查路线设计、野外踏勘工作内容与要求、野外必备图件、室内资料整理、综合调查报告的编写内容与要求。

区域地质调查工作可分为四大阶段，即设计工作阶段、野外工作阶段、成果编制阶段和成果资料提交阶段（表6-1）。新泰地区的野外教学实习着重加强野外工作阶段和成果编制阶段的训练。

表6-1　1:5万区域地质调查工作程序

工作阶段	主要工作内容	
设计工作阶段	资料收集	资料收集，拟定踏勘计划
	设计编写	编制地质草图 编写设计（有时需要短期野外踏勘） 设计审批
野外工作阶段	野外地质踏勘	确定实测地质剖面位置
	实测地质剖面	确定地层的岩石组成、岩相和接触关系等
	地质填图	路线地质填图 遗留地质问题检查与重点地质问题研究 补测地层剖面
	野外资料整理与野外验收	野外资料综合整理 编制野外地质图、数字地质草图 编写野外工作小结 野外资料验收及验收后的地质问题检查

续表

工作阶段	主要工作内容	
成果编制阶段	最终室内资料整理	野外资料、成果资料的综合整理与研究
	最终成果图件编制	作者原图的编制 数字地质图的编制
	图幅说明书与联测报告的编写	图幅说明书与联测区地质报告的编写
	最终成果验收	
成果资料提交阶段	最终成果验收后文字图件修改定稿 图件文字进厂印刷 原始档案归档立卷与成果汇交	

6.1 设计阶段

区域地质调查工作的设计阶段是整个区域地质调查的初级阶段，完整、合理的工作设计可以有效指导整个区域地质调查活动有条不紊地进行，从而提高区域地质调查的工作效率。

1. 资料收集和拟定踏勘计划

在开展某一地区的区域地质调查工作之前，首先应在室内尽可能多地收集工作区域已有的相关资料，包括已有的地质图件和说明书、地形图（比例尺按工作需要而定）以及航空、卫星照片等，目的是全面了解工作区域的交通、地理、地貌概况及工作程度，熟悉区域地质背景和区内出露的主要地质体的特征，制定出切合实际的野外工作计划。

在收集资料时应充分注意以下三点。

首先，注意收集 1:20 万或 1:25 万区域地质图及其说明书。这是需要重点收集的基础地质资料，通过这些资料可以在未开始野外工作前了解工作区域的基本地质特征，知道前人对工作区域地层、构造、岩石的划分意见、划分标志与依据，为后续工作奠定良好基础。

实习前搜集到山东省临沂市幅 1:25 万建造构造图（I50C001003）1 幅、实习区 1:20 万地质图 1 幅、山东省地质图 1 幅、山东省大地构造单元划分图 1 幅、山东省地质构造略图 1 幅、新泰市 1:5 万地质图 1 幅、新泰市构造纲要图 1 幅、分别在 ArcGIS 10.2 平台上进行了数字化处理,并根据山东省 2014 年发布的地层标准对实习区地层代号进行了修订,获得了实习区较为详细的地层分布、地质构造等资料。

其次,重视遥感资料的收集与解释。遥感图像具有视域大的特点,对它的判读可以揭示区域地质构造轮廓、典型线型构造和褶皱构造的展布特点,在地质填图时有助于准确填绘各种地质界线,提高地质调查的精度和工作质量。

第三,做好资料收集后的综合研究和综合整理。对待前人的资料和成果,要有历史的、辩证的观点,既不能盲目信从,也不能轻易否定。尽量挖掘前人资料中存在的有用地质信息;同时找出存在的主要问题和需要进一步研究的内容及解决问题的方向、途径和方法,提出下一步野外踏勘工作的具体意见。

2. 设计编写

在上述资料收集与整理的基础上,针对实习区的实际地质情况编写区域地质调查设计。

6.2　野外工作阶段

野外工作是获取第一手野外地质资料的重要途径,对区域地质调查工作的成败至关重要,这也是新泰野外教学实习的重点内容之一。野外工作阶段包括野外地质踏勘、实测地质剖面、地质填图和野外资料整理 4 个次级阶段。

6.2.1　野外地质踏勘

野外地质踏勘是在室内对实习区基本地质情况初步了解的基础上进行的野外综合地质考察。

1. 野外地质踏勘的目的和任务

野外地质踏勘的目的和任务包括:① 了解和掌握实习区内主要地层单位的特征和填图单位的划分标志;② 了解实习区内各类地质体的主要特征、分布和接触关系、构造特征等;③ 确定实测标准地质剖面路线;④ 初步研究地层划分方案,统一岩石命名和野外工作方法;⑤ 检查遥感资料的解译效果,落实并补充解译标志;⑥ 核查前人的工作成果,找出其中可能存在的关键问题,以便确定工作重点,制定总体工作规划。

2.踏勘路线的选择

踏勘路线要求尽可能选择在露头连续、地层发育齐全、接触关系清楚、构造比较简单的区段,同时兼顾交通比较方便这一实际问题。踏勘路线的多少则根据地层出露情况、构造复杂程度、研究区范围大小和工作精度要求等具体情况确定。

3.踏勘方法

踏勘是以路线地质综合观察为主要目的,路线布置应尽量垂直工作区域地层走向或主构造线。

在踏勘过程中,除进行全面细致的地层、岩石、构造等观察外,对影响工作区域地层划分对比和构造特征有争议的问题必须进行认真研究讨论,力求统一认识。同时作好观察记录,绘制路线地质图和信手剖面图,以便进行不同踏勘路线的对比和分析。踏勘过程中需要适当采集岩石样品和化石标本,并在地形图上标定采样位置。

路线地质图和信手剖面图是在地质踏勘和地质填图的穿越路线地质观察中顺手所作的常用基础图件。

路线地质图是将路线上实际观察到的地质界线点、构造要素、化石点、采样点等如实填绘在地形图上所成的平面图(图 6-1),同时在野外记录本上详细记录各观察点所看到的地质内容,记录格式如图 6-2 所示。

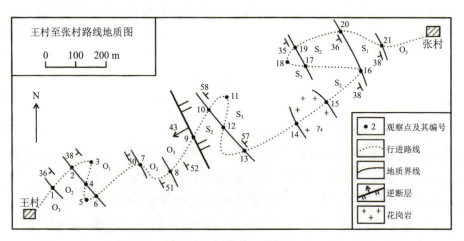

图 6-1 路线地质图记录

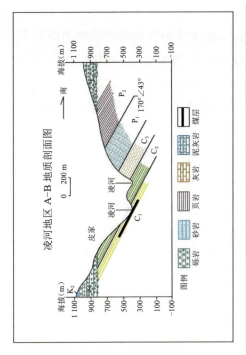

日期 2022 年 8 月 27 日		星期 天气	
路线 马头崖路线			
	点 号：D001		
	点 位：南流泉村东 1.0 km 处，GPS 坐标		
	点 性：岩性观察点		
Ar₁T	黑云斜长片麻岩，主要矿物成分为斜长石、黑云母，含少量石英、		B01
	角闪石。花岗变晶结构。矿物颗粒粗大，粒径一般为 0.5～1 cm。		
	片麻构造发育，肉眼可观察到黑云母片状矿物作定向排列，		
	被粒状浅色矿物斜长石、石英切割，形成同断性定向构造。		
	点 号：D002		
	点 位：南流泉村东 1.0 km 处，GPS 坐标		
	点 性：朱砂洞组地层观察点		
∈₁z	浅灰色中厚层含燧石结核或条带的粉晶白云岩、泥质白云岩，		B02
	夹含泥球粒灰岩，有古风化壳，与下伏泰山群呈平行不整合		
	接触。		

图 6-2 野外地质记录

6.2.2 实测地质剖面

1. 实测地质剖面的目的及要求

实测地质剖面是沿选定的野外地质观察路线逐尺测量、综合观察、真实描述客观地质体和地质现象，并绘制剖面图的过程。实际工作中，针对不同地质问题，可测制地层、构造、侵入岩、第四系等不同类型剖面。这里所说的剖面是指综合研究各种地质问题的地质剖面。该项工作具有工作量大、综合性强、费时多的特点。实测剖面的目的、内容包括以下几点。

（1）研究工作区地层的岩石组合、变质程度、地层划分、地层层序、接触关系及其厚度变化。

（2）观察沉积特征、原生沉积构造、化石和产出状态以及古生物组合，分析岩相特征和沉积环境。

（3）观察地层的变形特征，确定褶皱、断裂、新生面状和线状构造要素的类型、规模、产状及其几何学、运动学、动力学特点，分析形成序次及其叠加、改造关系。

(4)研究侵入岩的岩石特征、结构构造、捕虏体和析离体在岩体内的分布、接触变质和交代蚀变作用及含矿性;观察原生和次生构造,划分岩相带;确定岩体产状与围岩关系、剥蚀程度、侵入期次和形成时期等。

(5)研究第四纪沉积物的性质、特征、厚度变化、成因、新构造运动及其表现形式。

(6)研究地层的含矿性和矿产的类型、产状特征及其分布规律。

2.剖面线的选择

实测标准剖面的目的性很强,是综合研究一个地区基本地质情况的基础工作,因此必须慎重选择剖面,为进行区域地质填图工作打好基础。

选择实测标准剖面是在踏勘基础上进行的。实际上,实测剖面路线一般是筛选之后的踏勘路线。剖面线选取的原则如下。

(1)剖面线应尽量垂直地层走向或构造线走向。如因地形限制不能通达,剖面线与地层的走向交角也不能过小,一般二者夹角不小于60°。若因地层产状变化,出现交角变小的情况,可采取短距离沿标志层顶面或底面平移导线的办法弥补。

(2)剖面线上地层发育较全,生物化石丰富、构造简单,以便确定地层接触关系、进行地层划分、确定地层时代,同时也便于进行横向对比。

(3)剖面线通过区段地形通视条件较好,露头连续、岩石类型较全。因此,自然沟谷、切面及铁路、公路侧壁常为理想剖面位置。但自然界情况是复杂的,前述观察内容不可能在一个剖面上完成,故一般需要其他剖面补充工作。总之,选定的实测剖面必须是兼顾了交通、露头、地质、构造诸因素的良好区段,形成一个能全面反映出露地层及其构造特征的组合剖面。

3.实测地质剖面前的准备工作

(1)统一地质认识。剖面线选定之后,对在踏勘过程中确定的地层单元划分、岩性组合特征、地层层序、接触关系、构造特征等进一步统一和明确认识,并制订统一要求以便分组工作有据可依、有法可循,即使出现差错,也便于统一改正,不致混乱。

(2)人员分工。实测剖面一般需4~8人,大致分工是地质观察、分层兼做记录2人(便于讨论问题);作信手剖面图1人;填写剖面记录表1人;前测手兼在地形图上确定地质点 1 人；后测手并协助地质观察、测量产状 1 人；岩石定名、采集岩石标本 1 人；寻找化石、采集化石标本 1 人。

上述只是一般分工原则，工作过程中应按实际需要灵活安排，同时做到分工负责，密切协作。为使参加工作者有机会对各项工作进行扎实基本功训练，可酌情轮换，但轮换过程中必须作好交接工作，以保持工作正常、高效进行。

注意：野外工作集体完成，室内整理阶段每个同学单独绘制所有图件。

（3）比例尺确定。实测剖面的比例尺应按工作项目的精度要求及实测对象具体而定，以能充分反映最小地层单位或岩石单位为原则。如在剖面图上能标定为 1 mm 的单层，均可在实地按相应的比例尺所代表的厚度划分出来；如果剖面比例尺为 1∶1 000，则实际的 1 m 单层就应在剖面上表示出来；对于在剖面图上小于 1 mm 但具特殊意义的单层（标志层、化石层、含矿层），应适当放大表示，但须注明真实厚度。一般常用的实测剖面比例尺为 1∶500～1∶5 000。

4.剖面测制方法

实测剖面一般是地形、地质剖面同时测制，通常采用半仪器法，即用罗盘测量导线方位和地形坡度角，用皮尺或测绳丈量地面斜距。另外，也可用全仪器法，即用经纬仪进行导线测量。一般采用前者，具体方法如下。

按选定的剖面位置，首先将剖面起点准确标定在地形图上，然后确定剖面线总方位，并尽可能保持各导线方位与之一致。分导线进行逐段测量，以 0—1、1—2、2—3 等连续编出导线号；每一导线由两个身高近于相等的人员在测尺两端持绳，并相互校正每一导线的方位和坡度角；固定测绳，参加人员按分工各执其事，有条不紊地由导线起点向终点认真进行各项工作，必要时召集全组讨论确定疑难问题。以此类推，直到剖面测制完毕。测制过程中必须认真作好记录，并要求填写实测剖面记录表。实测地质剖面记录表的格式见表 6-2。

野外记录格式如下（各项宽度视具体内容而定）。

剖面名称：山东省新泰市马头崖实测地质剖面。

剖面位置：起点：＿＿＿＿＿＿，坐标：＿＿＿＿＿＿；

　　　　　终点：马头崖馒头组上灰岩段，坐标：＿＿＿＿＿＿。

导线总方位：W=175°。

0—1 导线：W1（导线方位）=170°。

L（斜距）=50 m，β（坡度角）＝ ＋ 10°。

0—2.5 m·········①（分层序号）

岩性：_____。

化石：_____。

产状：_____。

构造：_____。

表6-2　实测地质剖面记录表格式

_____剖面地层实测记录表

起点坐标（GPS）：_____；终点坐标：_____；测量日期：_____；页码：_____

导线					分层情况							地层产状				标本			
---	---	---	---	---	---	---	---	---	---	---	---	---	---	---	---	岩石		化石	
编号	导线方位角	坡度	长度（m）	累积长度（m）	导线方位与地层走向夹角	层号	层位	位置（m）	岩性描述	镜头方向	照片编号	视厚度（m）	测量位置（m）	倾向	真倾角	视倾角	采集位置（m）	编号	采集位置（m）	编号

实测剖面工作小组：　　　　　　组长：　　　　　　记录：

5.剖面测制过程中的注意事项

（1）地层分层：地层分层及其观察、描述是实测地质剖面过程中的重要工作。分层的基本原则是依据岩石的颜色、成分、结构构造的明显不同以及上、下层所含化石种属的不同划分。分层的比例尺大小按工作的精度要求而定，一般以能在剖面图上表示为 1 mm 的单层为限。对不足 1 mm 但有特殊意义的单层仍应划分出来。对不同成分的薄层重复出现者，可作为一个组合层划分，但需详细记录其组成、结构和构造特点。

（2）观察、描述记录要求：实测剖面的观察要求认真、细致、综合，描述则要求重点突出、条理清楚、书写工整。就新泰沉积岩发育区而言，具体内容包括以下方面。

第一，分层的层位、层序号、名称及其色调。

第二，岩石的物质组成，主要、次要成分及其变化规律。对碎屑岩石分别描述碎屑物和胶结物成分及相对含量、碎屑物中矿物和岩屑的相对含量。

第三,岩石的结构、构造特征,如碎屑岩的粒度、分选性、磨圆度。砾岩中包括砾石的磨圆度、排列特征及其方位统计。生物化学岩则要描述结晶特征、生物碎屑特征、鲕状、豆状、炉渣状等结构。沉积岩结构的成分及其种类、形态与层理的关系。岩石的层状构造特征、层面构造特征(波痕、雨痕、印模等)、层理的类型(水平层、波状层、倾斜层、交错层)。

第四,地层接触关系的观察。注意确定地层的整合、不整合接触关系,主要依据地层缺失、岩相的突变,风化剥蚀面和古风化壳、底砾岩,生物化石带的突变和缺失,上、下地层产状的显著变化等。

(3)构造方面主要观察并描述小褶皱、断层、节理、劈理等的产状特征、运动学特征及其性质。

(4)作信手剖面图者,须按实测剖面比例尺和剖面方位,依据实际地貌和地质情况,在方格纸或记录本上绘制剖面,以作为室内绘制实测剖面图的重要参考。同时对特殊地质现象,诸如地层接触关系、断层特征、小构造、地层和岩体的原生构造等进行必要的地质素描和照相,这些是总结编写报告时必不可少的实际素材。

(5)沿剖面线用确定地质点的方法控制剖面线起点、终点、地层分界点、构造点和矿化点等。地质点和分层号应用红漆在露头上标出,以利查找、核对。

(6)在剖面线上,导线若遇不可通达的地段和覆盖区,可采用沿标志层平行移动法避开,并重新按原导线方位拉测绳,尽可能连续观察,保证剖面质量,尤其关键区段更应如此。

(7)一天工作结束之后,应召集担负不同工作的人员对野外实测工作进行逐导线、逐地层校对,使记录、登记表、平面图、信手剖面图、标本样品互相吻合,以保证不出差错。若查出问题而在室内不能解决,可在第二天复查后再开始工作。

6. 实测地质剖面图的绘制

实测地质剖面图的成图方法有直线法和投影法两种。

直线法又称展开法,常用于导线方位稳定、没有或很少转折的情况。这种情况下,导线方位即是剖面基线方位。因此,可直接根据导线测量的地面斜距和坡角(注意正、负号),把各段导线连续画出,即为地形轮廓线,呈折线状。然后,根据信手剖面图所提供的实际地貌细节绘出近真实的地形剖面图。将各导线上的地质点、分层点标出,按岩层倾角大小画层,并以岩性花纹表示、整饰图面即成(图6-3)。值得注意的是,若剖面线不垂直地层走向,剖面图上地层产状应视倾角大小画出,但产状注记仍为真倾角。

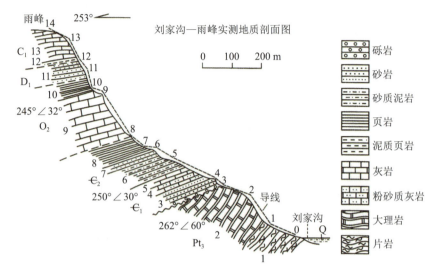

图 6-3　直线法作实测地质剖面图

视倾角与真倾角之间具有如下函数关系: $\tan \beta = \tan \alpha \cdot \cos \gamma$。式中,$\beta$ 为地层的视倾角;α 为地层的真倾角;γ 为地层倾向与剖面线的夹角。

投影法应用于导线方位变化较大的情况,一般按下列步骤进行。

首先,选择剖面投影的基线方位。虽然在选择实测剖面线时,已考虑了剖面线方位基本垂直地层或区域构造线走向,并尽可能保持各导线方位一致,但实际工作中各种原因都可能造成导线方位偏离基线方位。若导线方位转折不大,剖面总方位即为大致垂直地层走向的方位,也是剖面基线方位。若导线的方位角变化较大,可以通过3种方法获得剖面的基线方位:如果剖面起点与终点在地形图上投影准确,那么从起点指向终点的方位可以作为实测剖面基线方位;取各导线的中间值或算术平均值作为实测剖面基线方位,这种方法获得的剖面基线方位偏差较大;作导线方位图求得实测剖面基线方位,这种方法虽然比较麻烦,但获得的基线方位是最理想的。

其次,确定剖面基线方位,需遵循的原则是以 0° ～ 180° 为界,凡剖面方位介于 0° ～ 180° 区间者,箭头指向右;凡剖面方位介于 180° ～ 360° 区间者,箭头指向左(图6-3和图6-4),而后作导线平面图。以选定的剖面基线方位作为导线平面图的总方位,并以此作为水平线,按各导线的方位和水平距离(水平距离 = 斜距 × $\cos \beta$, β 为地形坡度角)绘出导线平面图,并将导线上的主要地质要素标绘于相应位置,构成平面路线地质图(图 6-4)。

第三,绘制地形剖面线。以剖面投影基线为准,把导线平面图上的导线点位置按累积高差正投影得到各高程点,参照信手剖面,用光滑的曲线连接各高程点绘制地形剖面线。

第四,绘制地质要素。首先把导线平面图上的地质点、构造点正投影于地形剖面线上,然后按产状先绘出断层、不整合面、岩体形态,再按视倾角画出地层、整饰图面即成(图 6-4)。

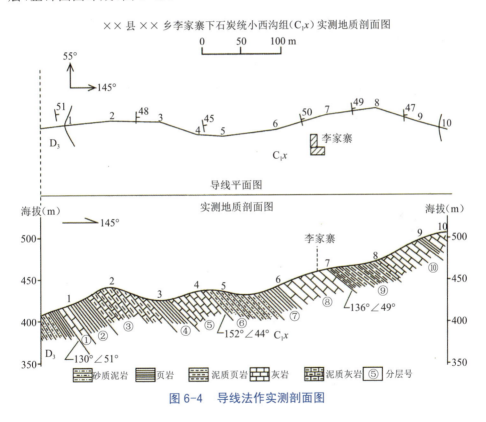

××县××乡李家寨下石炭统小西沟组(C_1x)实测地质剖面图

图 6-4 导线法作实测剖面图

7. 计算地层真厚度

地层真厚度应分层计算,计算方法有直接丈量法和计算法两种。

(1)直接丈量法:无论是在用直线法或导线法所作剖面图上,只要剖面线垂直于地层走向,且作图精确,均可在剖面图上直接量取按比例换算即得地层真厚度。

（2）计算法（图6-5）：剖面线与地层走向垂直时也可用计算法求得地层真厚度（A）。

地层水平时真厚度：$h = L \cdot \sin \beta$，其中 L 为岩层露头在剖面导线上测量的斜距，β 为地形坡度角（图8-5a）。

地面水平、岩层倾斜时：$h = L \cdot \sin \alpha$，其中 α 为地层倾角（图6-5b）。

地层倾向与坡向相反时：$h = L \cdot \sin (\alpha + \beta)$（图6-5c）。

地层倾向与坡向一致时：

$$h = L \cdot \sin (\alpha - \beta)，当 \beta < \alpha 时（图6-5d）；$$

$$h = L \cdot \sin (\beta - \alpha)，当 \beta > \alpha 时（图6-5e）。$$

地层直立时：$h = L \cdot \cos \beta$（图6-5f）。

剖面线与岩层走向不垂直时：

$$h = L \cdot (\sin \alpha \cdot \cos \beta \cdot \sin \gamma \pm \cos \alpha \cdot \sin \beta)；$$

式中，γ 为剖面线与岩层走向之夹角。当岩层倾向与地形坡向相反时用"+"，相同时用"–"。

此外，地层厚度还可根据地层厚度及平距垂距换算表直接查得。

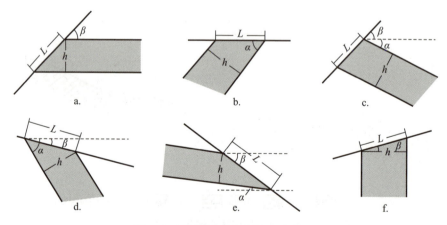

图6-5　地层真厚度计算方法图示

6.2.3　绘制综合地层柱状图与文字说明

一个地区因多种因素影响，一两条剖面往往难以准确反映区域内所有地质体，因此可能需要测得不同地层的多条剖面。为了整体直观、简明、醒目地综合反映区域内所有地层的岩石组合、厚度及其接触关系，须作综合地层柱状图。综合地层柱状图表示研究区全部出露地层的层序，并着重反映各地层单位的岩石特征、所含化石、接触关系及地层厚度，是反映一个地区物质组成概况的综合性基本图件之一。综合地层柱状图比例尺应按精度要求选择，格式见图6-6。

（1）实习区综合地层柱状图统一名称为"新泰地区综合地层柱状图"。

××地区泥盆-石炭系综合柱状图

比例尺 1:5 000

界	系	统	阶	地层名称	代号	柱状图	厚度(m)	分层厚度	分层号	岩　性　描　述　及　化　石	矿产
古生界	石炭系	下统		巴什索贡组	C_1b		850	790	⑨	灰色、深灰色块状灰岩为主，产 *Gigantoproductus* cf. *latissimus*, *Antiguatonia insculpta*, *Ambocoetia* cf. *vaduschensis*（Tan）等	石灰岩矿
								50	⑧	灰色、褐色不等粒钙质砾岩	
								10	⑦	灰色、褐色复成分砾岩	
	泥盆系	上统		坦盖塔尔组	D_3t		700|900	633|833	⑥	灰色、浅灰色块状厚层灰岩，有时见钙质砾岩夹层，产 *Atrypa* sp., *Hypothridina* sp, *Schizophoria* sp., *Crtospirifer* sp. 等	石灰岩矿
								7	⑤	土黄色钙质砂岩、页岩	
								60	④	灰色、深灰色层状灰岩，产 *Atrypa* sp., *Hypothridina* sp.	
		中统		托格买提组	D_2t		80	54	③	灰色块状灰岩，产 *Pseudomicroplasma* sp., *Heliolies* sp.	石灰岩矿
								6	②	红色薄层粉砂岩	
								20	①	灰色块状灰岩	

图 6-6　综合地层柱状图

（2）综合地层柱状图说明：需要从地层形成、沉积环境演化、构造运动、岩浆侵入等内容对该实测剖面进行说明，让读者了解区域变化史。

6.2.4　野外教学实习实测剖面安排

为全面、系统地认识新泰地区地层发育特征，本次实习需要完成两条主要剖面的实测工作，实测剖面统一名称为新泰××下寒武统实测剖面图、新泰××下中寒武统实测剖面图。

实测地质剖面图除了必须遵守前述的有关规范之外，还应该注意以下几点要求。

第一，岩性花纹符号、分层界线、组界线和系界线的长度。为了使实测地质剖面图看起来美观、层次清晰,实测地质剖面图中的岩性花纹符号、分层界线、组界线和系界线的长度一般要求以 0.5 cm 的增幅依次递增。岩性花纹符号的长度一般为 2 cm。但是当岩层倾向与地面坡向相同且地面坡角较大时,如果岩性花纹符号的长度仍为 2 cm,岩性花纹符号的下端点就会距地形线太近,一方面限制了岩性花纹符号的充填空间,另一方面也造成图面不美观。因此,一般要求岩性花纹符号的下端点距地形线的垂直距离保持在 2 cm 左右。

第二,岩性花纹符号的间距。岩性花纹符号之间的间距与该符号所代表的岩层的单层厚度相关,岩性花纹符号的间距越大,表明岩层的层厚越大;岩性花纹符号的间距越小,表明岩层的层厚越小。一般要求岩性花纹符号之间保持 2 mm 左右的间距。

第三,在不存在角度不整合但地层产状变化较大的情况下,岩性花纹符号应渐变,不能人为制造角度不整合。

6.2.5 野外地质填图

地质填图是把野外各种地质体、地质要素、构造现象用规定的线条、图例如实填绘在一定比例尺的地形图上而编绘成地质图的过程。所得地质图是野外地质工作最终的综合性基础图件。

野外填图阶段是区域地质调查中重要的工作阶段,也是取得高质量工作成果的关键阶段。其主要任务:① 进行面上路线地质调查,弄清填图单位在空间上的展布与变化,并按规范在地形图上填出地质图;② 进行遗留地质问题和关键地质问题的研究,补充部分地层剖面,提高成果质量;③ 进行野外资料的综合整理与研究,编制野外地质图、综合地层柱状图,并按路线将采集数据输入计算机编绘形成数字地质图;④ 编写野外工作小结,提交野外验收。

1.地质填图的比例尺

地质填图的比例尺依据不同的目的和精度要求可以分为大、中、小 3 种。

小比例尺(1:50 万~ 1:100 万)地质填图用于研究程度很低或未开展地质研究的"空白区",以确定研究区的概略地质状况和找矿远景部署的战略目的。

中比例尺(1:20 万~ 1:10 万)地质地图是在小比例尺地图的基础上,进一步研究区域基本特征(地层、岩石、构造)及其与矿产的关系,以确定找矿远景并指出找矿方向。

大比例尺(1:5 万~ 1:2.5 万)地质填图一般是在有矿产远景的地区或已

知矿区外围进行的,要求深入、详细研究工作区成矿地质条件和找矿标志,查明成矿控制因素,提出矿产预测。除此之外,大比例尺地质填图也常用于重点区段或典型区段,以解决关键性地质、构造等问题的详细地质填图,深入研究某些地质基础理论问题(如用于复杂变质岩区构造解析的地质填图等)。

2. 地质填图使用地形图的选择

在确定了地质填图的比例尺之后,需选择适当比例尺的地形图作为填图底图。为了保证填图的精度,一般选用比填图比例尺大 1 倍的地形图,成图后再缩小 1 倍成为所需比例尺的地质图。如正式图件要求填绘 1:5 万地质图,可选用 1:2.5 万的地形图作底图,选用的地形图可分作两类使用,即手图用于野外、底图用于室内清绘。

3. 地质填图的步骤和方法

(1)确定填图单位:填图单位是指在地质填图过程中需要在地形图上填绘其边界与分布范围的地质体。

填图单位是在对工作地区地层划分研究的基础上,根据填图比例尺所规定的精度要求确定的,它既不能因划分过粗造成图面简单而不易反映区内基本地质体及构造细节,又不能因划分过细使图面结构复杂而负载过大。一般而言,每一填图单位应是岩层或相关岩层的组合(如巨厚单层、复杂互层、完整的沉积旋回等);具明显的识别标志(颜色、成分、结构、沉积构造、古生物或组合)及一定的厚度和出露宽度。因此,对沉积岩而言,生物地层单位应划分到组,甚至段或带;侵入岩应尽可能划分期、次和相带;变质岩划分到组和段;第四系沉积应划分成因类型及相对时代。

在不同比例尺的地质填图中,对填图地层单位的厚度有一定要求。对于 1:5 万地质填图,填图地层单位厚度在褶皱复杂地区一般不大于 500 m,缓倾斜地区不大于 50 m。当厚度大于上述值时,则应填绘标志层,以更好地显示地层分布及其构造形态。所谓标志层是指层位稳定、厚度不大、岩性特点明显、便于识别的特殊地层。

对基岩区内面积小于 0.5 km² 和沟谷中宽度小于 100 m 的第四系沉积,在图中不予表示,仍按基岩填制。

对于具有重要意义的地质体、控矿层、含矿层等,可用相应符号、花纹夸大表示。

（2）野外观察路线及观察点的布置：填图工作是在野外选择一定观察路线和控制点逐一系统观察进行的。填图的精度取决于观察路线和控制点的密度，并视工作目的有一定的规范。在常规地质填图中，路线的线距一般为相应比例尺图上 1 cm 所代表的实际距离，而路线中观察点的密度通常为线距的一半，如 1∶5 万地质填图的线距应为每 500 m 一条，每条线路上点距为 250 m。

① 观察路线的布置及方法。

观察路线有穿越路线和追索路线两种方式。

穿越路线是基本垂直于地层走向或区域构造线布置的野外地质观察路线。工作人员沿观察路线综合观察、研究各种地质现象，标定地质界线，认真作好记录、素描以及信手剖面图，并绘出路线地质图。

路线布置时应综合考虑露头特点、自然地理条件、路线观察的目的以及驻地距工作区的远近等因素，或呈"直线型"平行分布，或呈"之"字形、"S"形布置，逐区段分片进行。布线方法因地制宜，灵活掌握，甚至可按具体情况创造出省时、省力、高质量完成任务的新的路线布置方法。

值得注意的是，在穿越路线过程中，若有重要发现，如化石点、重要断层、不整合、含矿标志，甚至前人未发现的新地层及其地层接触关系等，不必机械地拘泥于原定线路而放过新发现，应着重研究，必要时追索观察，以便进行区域对比，并为其他相应路线的观察打好基础。

追索路线是沿地质体、地质界线或构造的走向布置的野外观察路线，用于追索特殊地层（化石层、含矿层、标志层等）、构造（重要断裂、褶皱）、接触界线（地层接触界线、岩体与围岩接触界线等）。沿线需定点观察、采样，连续填绘地质界线，此法是对特殊地质现象进行专门性研究的重要手段。

上述两种方法一般应用于中小比例尺、基岩裸露良好的沉积岩区的地质填图，而且往往是以斜穿越为主、追索为辅，结合使用，并根据实际需要灵活安排。

对于露头不连续、构造较复杂和大比例尺的地质填图，上述方法因线距间隔大难以达到如实反映各种地质现象的目的，因此必须采用露头观察的方法。

露头观察法是对某研究区出露不连续的所有露头（不论大小），均定点详细观察，然后根据各露头点的地质状况编联地质图。应用此法一般填图比例尺大、精度高。

② 观察点的布置及确定方法。

在野外地质填图的路线观察过程中,要及时标定观察点,用于准确控制地质界线或地质要素的空间位置并进行观察记录,以便于原始资料的条理化、系统化编录;实时进行资料的核实、查对。观察点的文、图资料是宝贵的实际材料,必须与实际相符,力求客观反映真实地质现象。

观察点一般应布置在填图单位的界线、标志层、岩相和岩性变化及化石点,岩浆岩接触带和内部相带的界线、矿化点、矿体、蚀变带,褶皱轴、枢纽、断层带、面理和线理测量统计点,代表性产状测量点、取样点等。布置观察点时要考虑图面的均匀性,但不能机械地等间距布点(在构造复杂区尤其应该注意)。1:5 万地质填图地质观测点间距和密度见表 6-3。

表 6-3　1:5 万地质填图地质观测点间距和密度表

构造复杂程度	简单	中等	复杂	极复杂
地质界线点间距(m)	500 ~ 1 000			
构造点间距(m)	1 000 ~ 2 000			
观测点密度(点/平方千米)	1.2 ~ 1.6	1.6 ~ 2.5	2.5 ~ 4.0	> 4.0
观测线长度(km/km²)	1.2 ~ 1.6	1.6 ~ 2.0	2.0 ~ 2.4	> 2.4

在露头出露相对较差的地区,应尽可能地合理推断地质点,少画第四系地层。相应地,有些填图单位(地质体)的边界也需要合理推断。

观察点位置的确定(即地形图上定点)一般采用 GPS 工具箱确定,如果测量地点手机信号不佳,可用目测法、交汇法等进行补充。

目测法:根据地形图和实际的地貌、地物标志,目测确定点位。在特殊地形环境,如深沟、丛林区段,可参照前点及周围地物就地临时定点,并在视通条件较好的地段及时较正点位。该方法一般用于小比例尺地质填图。

交汇法:在较大比例尺的草测填图中,依据地形、地物特征初步定点后,采用前、后方交汇法定点。

(3)观察路线和观察点的编录:地质观察的一般程序是标定观察点位置,观察地貌特征,研究、描述地质现象,测量地层、构造要素产状,追索填绘地质界线。沿前进方向逐点观察描述,并绘制素描图、信手剖面图。同时,对不同地质现象进行综合观察分析,切忌只孤立地进行点的观察、描述。

野外记录是野外地质观察的原始记录,是进行地质填图、编写地质报告的原始素材,要求一律用 2H 或 3H 硬铅笔认真、工整书写,做到条理清楚、简明扼要、重点突出、层次分明,使人一目了然,便于查找某项内容和数据。记录包括各观察点的描述和各点间的描述,必须连续、完整。

野外记录使用野外记录本,每天的工作记录应有日期、路线起止点的地理位置、图幅与坐标、同行地质人员、观察点编号及所在地理位置、点上的地质内容、各种测量数据、采集标本与样品编号、观察点之间地质情况的连续记录、地质素描图、信手剖面图、照相。

记录内容要根据客观实际,抓住主要与关键问题,同组人员不断进行地质问题的讨论,进行科学和客观的研究与记录,有意义的地质现象用素描图、照相的方法记录下来。一本好的野外记录本应该文图并茂。

野外工作手图是另一重要的原始图式记录资料,其表达内容包括观察路线、观察点的位置、观察点的编号、实测剖面的位置及编号、化石及其他样品的采集位置及编号、填图单元及代号、地质界线、构造要素、典型岩性层、标志层、含矿层、小地质体等。

野外工作手图的最大功能是标定地质调查路线上的地质特征和空间展布状况,工作手图上表示的内容在野外记录本中应有具体描述,两者必须吻合。

野外工作手图上地质界线必须在野外实地勾绘,并在视野能及的范围内按照实际地质界线在地形上的位置如实向界线点两侧勾绘。对于大比例尺的地质填图,界线勾绘时要注意“V”字形法则(“相反相同、同大相反、同小亦同”)的影响。

一条路线地质调查结束后,要进行路线和相同地质点位的综合小结,尽快从感性认识上升到理性的深化认识。

(4)地质素描与照相:野外地质素描是文字描述的重要补充。一张好的素描图或照片能清晰、直观地反映地貌和地质特征,可起到文字描述不能达到的良好效果。

素描图按地质内容的表现方式分为两大类。一类为用花纹图例表达地质内容的平面图素描,它用极简单的线条勾绘地形轮廓,着重突出地质、构造现象,如剖面素描图、露头素描图,这种素描图最为普遍、实用。另一类为立体素描图,其表现手法以绘画理论为基础,结合地质要求素描,如用于反映区域地质构造或地貌的远景素描,用于反映大中型构造、地层接触关系的近景素描图。

野外地质现象丰富多彩,地质素描应以客观反映地质现象为目的,故应尽量简化与主题无关的内容,重点突出,线条简明。为强调地质特征,还可以加上必要的地质花纹和符号,使主题更为明显、直观。素描图应标明图名、方位、比例尺和产状数据等。

(5) 资料的整理及成图:野外地质填图同时使用两张地形底图,一张用作野外手图,另一张作为室内清绘底图。每天路线完成返回驻地,应组织全体工作人员(包括各小组)及时进行整理、小结。具体内容包括检查、核对野外记录,作到图、文一致,并将检查校正后的观察点、地质界线、产状数据及素描图着墨清绘,在手图上绘出路线地质图。检查、登记所采集的样品、化石、涂漆编号并逐一登记。

交流讨论填图过程中遇到的问题,同时安排第二天的路线。在手图上,将已上墨清绘的路线地质图按地质界线的产状(大比例尺图应考虑"V"字形法则)合理编联地质图。联图过程中,各线路间若出现矛盾或不清楚的区段,绝不可主观臆断、任意推断,必须补作野外工作。特别要强调野外现场联图。在此基础上,将手图上的地质要素经过必要的取舍之后认真清绘在室内底图上,该图即为野外地质填图的实际材料图。正式提交的地质图应在此图的基础上,按正式地质图的比例尺大小,将实际材料图上的地质界线、产状要素等如实清绘在相应比例尺地形图上,附上填图的主剖面,并按不同地层的颜色着色完成。

地质图的主要格式如图 6-7,图中 A—B 地质剖面图是图切地质剖面图。责任表的格式见表 6-4。

4. 地质填图的图例要求

地质图的图例应该尽可能使用规范的图例,包括地层时代符号(由新到老)、岩浆岩与岩脉类型及代号、各种构造线、性质及产状(如断层、褶皱)、地质界线等。本书的最后附有部分图例。

如果图例规范中没有某种特殊的图例(尤其是岩性花纹符号图例),可以参照规范图例自行设计图例。

各填图单位的颜色也是有规定的,应该尽可能地按照规范的颜色给填图单位着色。

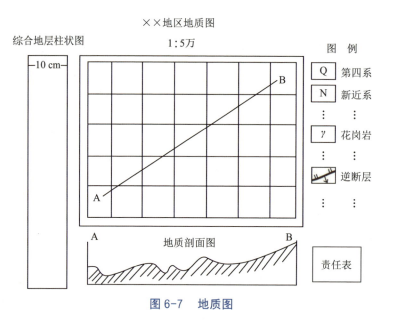

图 6-7　地质图

表 6-4　责任表

单　位	中国海洋大学 × × 级 × × 班新泰实习队		
图　名	山东新泰地区地质图		
制　图		图　号	
清　绘		比例尺	
审　核		日　期	
技术负责		资料来源	

5. 野外教学实习填图要求

（1）填图范围：新泰野外教学实习的地质填图以 1∶2.5 万区域地质调查的填图规范进行，填图范围为 35°51′30″N ～ 35°52′10″N，117°36′0″E ～ 117°38′40″E，面积约 4 km²。填图范围如图 6-8 所示，图中的坐标为高斯平面直角坐标。

（2）填图单位：新泰实习填图只标定直径大于 100 m 的闭合地质体，宽度大于 50 m、长度大于 250 m 的线状地质体，主要包括 ∈$_{1-2}$（未分）、O（未分）、Q 地层以及长度大于 250 m 的断层和褶皱构造。

（3）填图路线：新泰 1∶2.5 万地质填图选择以穿越路线为主、追索路线为辅的野外观察路线。

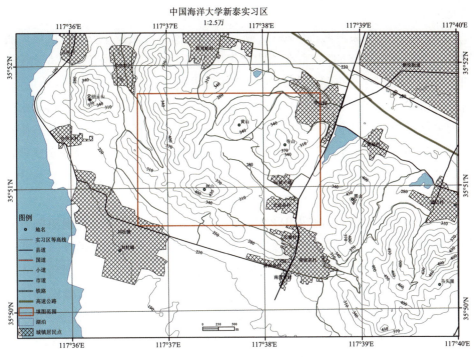

中国海洋大学新泰实习区

1:2.5万

图例
- 地名
- 实习区等高线
- 县道
- 国道
- 小道
- 市道
- 铁路
- 高速公路
- 填图范围
- 湖泊
- 城镇居民点

图6-8　新泰野外教学实习的填图范围

（4）地质图的着色要求：地质图应该按照相关的国家标准着色，如《地质图用色标准及用色原则》（1:50 000）（DZ/T 0179—1997），成图按照《区域地质图图例》（GB/T 985—2015）中规定的图式、图例、符号等进行整饰。

新泰实习填图规定的着色标准：

第四系——淡黄色；

第三系——黄色；

白垩系——蓝色；

侏罗系——紫红色；

二叠系——黄褐色；

石炭系——灰色（下统与上统以颜色深浅不同相区别）；

奥陶系——红褐色；

寒武系——绿色（下统与上统以颜色深浅不同相区别）。

地质图手工着色的几个要领：① 色淡；② 笔粗；③ 着色后用卫生纸轻轻擦一擦能使颜色均匀一些。制作电子图件时，直接根据标准上的编码制作图例和填充颜色。

（5）地质填图实习的图件格式：新泰野外填图实习是按 1∶2.5 万区域地质调查的填图规范进行的，学生在填图时使用的是 1∶2.5 万的地形图。本来应该把填绘的 1∶2.5 万地质图缩印成为 1∶5 万地质图，但由于受到实习条件所限，新泰实习省去缩印过程。填图实习的地质图名称规定为"山东省新泰市封山—寺山地区地质图"，比例尺 1∶2.5 万，地质图需要着色。要求在地质图的右侧贴图例，下方贴图切剖面，右下方贴责任表。图例、图切剖面和责任表分别呈现在计算纸上。由于综合地层柱状图远远大于地质图的图幅大小，综合地层柱状图就不再贴到地质图的左侧，单独提交综合地层柱状图。

（6）学生独立完成：填图由学生独立完成，以训练学生在野外观察问题和解决问题的能力，掌握野外地质填图的基本工作方法。教师随队给予填图指导和帮助解决问题，并监督、检查学生的填图过程。

（7）训练并提高学生自行解决地质问题的能力：填图过程中，如遇疑难问题，原则上应由学生自己反复、认真研究解决，必要时教师可现场指导。对于一些争执不下的问题可以在填图结束阶段采取小科研的方式，进行小面积专题填图，目的在于进一步锻炼学生的独立工作能力。

（8）坚持严肃认真的科学作风：本次实习除了要求学生熟悉 1∶2.5 万地质填图的基本工作方法之外，还要训练学生严肃、认真、细致以及坚持实事求是的科学作风。在野外要坚持勤观测、勤敲打、勤追索、勤记录、勤思考，不断进行综合分析，及时做出判断和提出问题，在地质工作中既有主动性，又有预见性。

6.3　室内资料整理和报告编写阶段

这一阶段是区域地质调查提交工作成果的阶段，在野外资料验收后进行。其内容包含三个部分：最终室内整理、综合研究，地质图的编制，地质图说明书和研究报告的编写。

6.3.1　最终室内整理与综合研究

实际上，资料整理工作在整个野外地质调查期间就一直在进行，这里所说的资料整理指的是所有野外工作结束之后的全面整理，主要工作包括以下几点。

第一,全面彻底对野外原始资料进行整理和清理。原始资料包括野外文字资料、野外图件(实际材料图、野外工作手图、实测剖面图、素描图、照片)、实物标本等。

第二,再次全面审核全部分析鉴定成果的正确性。

第三,进行遥感资料的最终室内解译。这是在野外地质图已初步完成的情况下,利用遥感资料所显示的解译标志,对实际材料图勾画的地质界线和断裂的正确性与精确性进行检查和校正。

第四,全面审核实际材料图和野外地质图内容的完备性和图面结构的合理性。

第五,进行图幅内地层资料的综合研究。以实测剖面资料为基础,以分散路线地质观察和前人资料为补充,分析不同地段该岩石地层的层序、基本层序类型与特征、岩石组合面貌、沉积相特征及上下接触关系,归纳出其纵、横向变化规律。

第六,进行岩浆岩资料的综合研究。研究岩浆岩的结构构造特征、岩体中包裹体和析离体特征、岩体与围岩接触关系,分析岩体就位机制,确定侵位或喷发时代,对各岩浆岩体进行综合对比,依据岩浆岩岩石谱系单位建立的原则进行超单元或序列的归并。

第七,进行地质构造的综合研究。应从单个的、主要具体构造做起,进而对全区构造进行归并、分类,深入分析它们之间的特点、相互关系、构造格局,总结实习区地质构造的几何学、运动学和动力学特点,分析其地质演化历史。

6.3.2　数字地质图的编制

1. 编图前的准备工作

(1)地形底图的准备:为了给地质内容提供正确的地理轮廓和方位控制,保证地质内容有准确的地理位置和空间关系并使之在图上清晰地表现出来,必须有相应的地形图作为地质内容的背景和骨架。该图由专门地形图编绘人员按"地形图编绘规范"在计算机上进行,并满足地质专业用途的需要。

(2)拟定地质图图面表示的地质内容和地质体取舍、归并和扩大的表示方案。

(3)拟定图例,以指导地质图图面内容的编制。

(4)编制综合地层柱状图。

2. 数字地质图编制

（1）将野外手图内容和野外记录数据资料输入计算机，包括地理底图资料、地质图图面地质内容、综合地层柱状图、图例、图切剖面、责任表、图名、比例尺等。

（2）应用相关软件进行点元、线元、面元的编辑。

（3）通过彩色打印机输出素色地质图或全色地质图。

3. 地质实习报告的编写

编写地质实习报告，既是对野外不同阶段各项地质工作的全面总结，又是综合分析野外观察和室内测试的各种地质资料，并从理论上分析探讨研究区地质历史的发展演化过程的综合性工作。编写地质实习报告的工作必须在剖面测制总结、地质填图、化石鉴定、岩石样品测试等基础工作完成之后进行。

针对新泰野外地质教学实习，在编写实习报告时可以参考下面的提纲，根据具体情况有所增减。

绪言

（1）简要说明新泰野外地质教学实习目的与任务、实习队伍的人员组成、工作起止时间。

（2）简要说明测区范围、地理位置及其坐标、地形地貌、交通、气候、经济、地理概况等。

（3）简要说明本次野外教学实习完成的工作量和工作情况。

第一章　地层

按时代由老至新介绍测区地层系统，包括各岩石地层单位的岩石组合、生物群面貌、基本层序特征及其规模和横向变化规律，简述沉积作用特征。

地层部分撰写要点及剖面描述范例。

首先，概述测区地层发育情况、岩性特征及沉积相、地层分布和出露情况、各系间的接触关系；然后，按时代由老到新分系逐一详细介绍各系的地层系统。

分系介绍时，概述该系在测区的分布和出露情况、主要特征、上下接触关系、岩石地层单位的划分情况等，并附实测地质剖面描述（位置、坐标、名称等信息）。剖面描述应由新到老逐层（以室内归纳分层为准）描述其岩性，分类列举所含古生物化石，并体现地层划分、接触关系和各级岩石地层单位的厚度。

附地质剖面描述范例。

安徽省青阳县酉华乡黄柏岭下寒武统实测剖面（118°01′35″E，30°37′10″N）

上覆地层：下寒武统大陈岭组（$\in_1 d$），灰色具微细层理的白云质灰岩

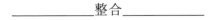
————————整合————————

黄柏岭组（$\in_1 h$）总厚度 342.50 m。

⑥ 蓝灰色钙质页岩，质地坚硬。底部产三叶虫 *Redlichia sp.*，厚度 36.00 m。

⑤ 黄绿及灰绿色钙质页岩，产三叶虫 *Redlichia sp.* 和 *Cheiruroides sp.* 以及腕足类 *Diandongia sp.*，厚度 52.00 m。

④ 灰色和黄绿色钙质页岩互层，富产三叶虫 *Redlichia sp.* 和 *Cheirulvides sp.*，厚度 94.50 m。

③ 黄棕色、蓝灰色泥岩夹青灰色或灰绿色钙质页岩。上部含两层三叶虫化石层，产 *Redlichia*（*Pteroredlichia*）*chinensis* 和 *Redlichia sp.*，厚度 160.00 m。

————————整合————————

荷塘组（$\in_1 ht$）总厚度 138.00 m。

② 灰色薄层至中薄层泥晶灰岩，产盘虫类三叶虫 *Hubeidiscuscf fengdongensis*，厚度 40.00 m。

① 灰黑色碳质页岩夹石煤层，含磷结核，产海绵骨针化石，厚度 98.00 m。

————————整合————————

下伏地层：上震旦统皮同组（$Z_2 p$），灰黑色薄层硅质岩。

第二章　岩石

岩石部分主要描述侵入岩类（深成岩、浅成岩及脉岩等），火山岩部分的描述放在地层部分。

对于岩浆岩的叙述，应该逐一地描写该区出露的各个岩体的特征，包括岩体出露的位置及规模、所处的构造部位、岩体的形状、与围岩接触关系、三维空间的产状特征、岩体内的分相情况、岩石类型及名称、岩体内外接触带的蚀变特征等。其次，要叙述岩石的物质组成，包括岩石的矿物成分和化学成分、岩石的结构构造特征、岩石所经受变化及改造等。通过一系列野外及室内的岩石学研究，查明岩石类型、形成的时代、与围岩的关系、含矿性等。

岩石学的研究不但需要在野外详细收集宏观资料，而且需要大量的镜下鉴

定及各种化学分析资料。这些资料的丰富性、可靠程度以及对这些资料的正确分析、整理，寻找出其内在的规律性，是进行深入研究的标志。

例如，王乔洞岩体，位于王乔洞南约 30 m 处，俞府大村向斜的西翼。其平面呈圆形，面积 160 m²。岩体侵入下二叠统栖霞组下段灰黑色中厚层微晶灰岩中，岩株的南接触带产状 252°∠50°。岩性为花岗斑岩，岩性呈浅灰—浅灰黄色，具斑状结构，斑晶主要由斜长石 20%、钾长石 4%、黑云母 2%（野外肉眼观察大于 10%）组成，斜长石较钾长石呈自形晶，颗粒大小不等。粒径约在 0.05～1 mm 之间，钾长石呈不规则状，黑云母多有暗化现象。

王乔洞岩体的基质主要由石英、微晶钾长石及斜长石等组成，均呈他形晶微粒结构，钾长石多已高岭土化，斜长石绢云母化。岩体南界附近边缘相很明显，斑晶小且近接触带出现大量的气孔，均呈细长的椭圆形空洞，少量为方解石或沸石类矿物充填的杏仁体，定向排列。岩体可见十分明显的流线、流面构造，流面产状 70°∠45°。外接触带围岩可见几厘米宽的烘烤褪色化现象，并可见 30 cm 多宽的硅化及角岩化带。岩石系 SiO_2 过饱和的过碱性岩石，为铝过饱和系统。

本章的几点重要说明如下。

（1）本章首先应概要地说明实习区地层及岩石的组成及分布情况，主要说明实习区有哪些种类岩石出露、有哪些时代的地层、它们的分布面积和位置，然后由老到新列出地层简表，表上写明地层单位、代号、厚度，其目的在于使读者对实习区地层及岩石有一般性的概念。

（2）地层描述顺序和排序要由老到新。

（3）岩石的描述方法应准确、统一，如铜汉庄岩体。

（4）本章应为"地质发展简史"一章做好基础，故应从成因、岩相建造观点进行详细的描述。

（5）矿产是地质工作的目的，如为外生层状矿体，应特别突出加以描述。

（6）地层及岩石均应描述其纵、横方向的空间变化，如果只相当于一个剖面或一块标本的描述，则不符合质量要求。

（7）关于地层的描述不要写岩层的产状要素，重点在于岩性、厚度、所含化石、接触关系、分布范围的描述，每一地层单位中的细分层应与综合柱状剖面图一致。

（8）本章的岩石描述主要是指侵入岩，重点在岩性描述，如没有做镜下鉴定则根据肉眼鉴定,描述的越详细越好,最好按时代的先后顺序描述,如时代没有查明,亦可以先基性岩后酸性岩、先深成岩后浅成岩的顺序描述。

（9）喷出岩层与沉积岩层的描述原则一样,放在"地层"一章中。

（10）本章附图:实测剖面图、综合地层柱剖面图、地层接触关系素描图。

第三章　构造

（1）概述实习区所在的区域构造背景。

（2）分别描述实习区各种构造(褶皱、断裂、节理、劈理、线理等)的形态、产状、性质、规模及展布范围,注意各种构造间的序次关系与级别。

（3）分析实习区内各种构造的叠加、改造关系,探讨构造的形成演化历史。

第四章　地质发展简史

按地质发展阶段和区域地质事件简述实习区地质演化的特征,可以从基底形成、盖层形成和晚三叠世以后活化改造三个阶段论述。

第五章　矿产和环境地质

（1）简述实习区内矿产种类、分布层位和用途以及成矿地质条件、成矿远景。

（2）简述实习区内有开发远景的地质旅游资源,提出开发及保护措施相关建议。

第六章　有关地质问题的探讨

这部分主要是讨论性的内容。作者对实习区感兴趣的地质问题或有不同看法的地质问题都可以在这部分广泛讨论,如炉渣状灰岩的成因、采矿与环境保护。

第七章　结束语

（1）简述本次野外教学实习的主要感想、存在的主要问题和建议,致谢。

（2）参考文献。

（3）附图清单:实测地质剖面图 2 幅、综合地层柱状图 1 幅、山东省新泰市封山—寺山地区地质图 1 幅(1∶2.5 万)。

💡思考题

（1）野外实习分了几个阶段? 各阶段的主要任务是什么?

（2）如何进行实测剖面的工作？

（3）你在地质填图阶段学会使用数字填图工具了吗？数字填图经过了几个主要步骤？

（4）实习报告包括哪些内容？小组应在最后提交哪些成果？每个人提交哪些成果？

第7章　数字地质填图应用

内容提要　本章主要介绍数字地质填图的使用平台、野外数据采集工具、采集流程、方法基本技能与应用方法。

数字化地质填图主要是运用计算机系统中的软件和硬件设备来获取目标区域范围内的各类信息，可以执行信息采集、整理和数据分析的各项工作举措，随着技术融合和应用的普及化，基本实现了数字化作业流程，大幅度提高了地质调查的工作效率，能够在野外的未知环境中准确地进行调查和信息搜集工作，尤其是对路线的描绘和描述更为精准而全面。目前，大量地质调查的相关工作程序都是依靠计算机的软件和设备来代替人工完成（何虎军等，2010），不仅可以在不同区域环境中及时获取有效的信息数据，而且能对各类型和格式的信息数据开展科学的整合工作，形成统一的信息数据库系统，方便各部门人员根据工作需要进行检索和调阅（董国臣等，1998）。为此还要建立起统一的、科学的框架协议，让大量的信息资源能够高效地在不同部门之间进行传递，实现高水平的信息共享。

Esri 公司推出的 ArcGIS 平台是目前最具代表性的地理信息技术服务门户系统，尤其是地理信息系统（GIS）。ArcGIS 是世界上应用最广泛使用的 GIS软件之一，具有信息输入与转换、数据采集与编辑、数据存储与管理、数据查询与分析（栅格数据分析、矢量数据分析、三维分析、网络分析）、空间统计与可视化、表达与输出、二次开发与编程等先进技术集成优势。近年来，ArcGIS 以其独特的优势，在制图与遥感、制图、资源监测、城乡规划、灾害预测与应急保护、土地调查与环境保护、宏观决策等与空间地理信息相关的行业中得到了广泛而深入的应用。同时，随着大数据、云计算、移动互联网和人工智能等新一代信息网络技术的发展，ArcGIS 通过其强大的检索工具和位置分析功能，将 Web 空间思想融入地理信息的各个领域，实现了地理空间大数据可视化查询与管理、智能 ArcGIS 分析与统计的集成开发。ArcGIS 是一个强大的 3D 工具，基本上能够代表 GIS 在三维空间显示和分析方面的成就。ArcGIS 简单易学，可用于教学实习中的数字地质填图。

　　数字地质填图最重要的是野外踏勘数据的获取，现行能够免费使用的 GPS 工具箱是一款专业的手机定位测量软件 App，具有以手机 GPS 为基础的多功能位置服务，包含线路追踪、测速、位置记录、面积测量等多种工具，支持离线地图和 KML 导入导出、GPX 文件导出等，测量位置精准，全面支持新版离线地图下载和更新。因此，GPS 工具箱可作为我们采集野外踏勘数据的记录手簿。

　　下面将介绍 GPS 工具箱和 ArcGIS 平台的一些入门知识。

7.1　GPS 工具箱的使用方法

7.1.1　GPS 工具箱简介

GPS 工具箱具有以下功能：

① 指南针——利用磁阻传感器进行方向识别；

② 测速仪——包含速度表、公里表、经纬度、海拔、超速告警；

③ 精准标记位置——记录当前 GPS 坐标位置；

④ 位置搜索——根据记录的坐标进行位置搜索，雷达扫描视图；

⑤ 线路追踪——时时追踪线路，计算路线长度；

⑥ 支持经纬度位置查询、地图任意位置标注及拖动修改；

⑦ 支持 2D 平面地图和卫星地图；

⑧ 兼容 WGS84 和 BD09ll 坐标系统，无偏移地图标记；

⑨ 支持含地图标记的位置短串分享；

⑩ 支持标记点开启线路导航；

⑪ 面积测量——支持自动追踪测量和手动面积测量。

7.1.2　GPS 工具箱使用

1. 下载

在手机百度中或者在应用市场中搜索"GPS 工具箱",涉及 GPS 的工具很多,注意本工具图标如图 7-1 所示。

图 7-1　手机百度和应用市场下载页面

2. 设置

打开 手机版 GPS 工具箱,进入软件主界面,如图 7-2 所示。

第一次使用需要进行用户登录和注册,操作步骤如下。

（1）点击软件的右上角 按钮,点击 ⓘ 用户中心 进入用户中心,点击 登录/注册 进入登录页面（图 7-3）。

（2）输入用户名或账户 ID、密码点击"登录"按钮,完成登录（如果还未注册账户,先进行账户注册,如记不住密码,请点击左下角的"忘记密码"进行找回）。

（3）如需进行用户注册,在登录界面点击"注册"按钮,弹出注册窗口,见图 7-4。

注册方法:输入手机号,点击"验证码",稍后手机会收到验证码,输入到验证码框中,输入要设置的密码。点击下方的"注册"按钮,即可完成账户注册。

图7-2　GPS工具箱　　　图7-3　登录页面　　　图7-4　注册窗口
进入时的界面

温馨提示:注册后,请妥善保护好您的密码,以后更换设备需重新输入密码方可登录。登录成功(图7-5)后,账号将与登录设备绑定。每个账号可绑定5个设备,超出5个无法登录。超出5个设备后,原有的5个设备依旧可以登录。

在点击运行GPS工具箱(以下简称工具)的同时,需要开启手机的GPS功能,手机会自动搜索卫星,不同手机搜索卫星的时间不一,初次定位时间较长。搜索成功后界面如图7-6所示。

图7-5　登录成功界面　　　图7-6　手机自动搜索卫星成功界面

7.1.3　站址定位与记录

当到达目标站址 A 后,点击"",工具会自动记录地址(此地址较粗,可自行作详细修正)与经纬度,并且自己可选择是否需要进行拍照保存,如图 7-7 所示。

标记名称:用户根据需求可手动编辑名称,默认则是当前定位的位置名称。

保存后,目标站址 A 的记录将保存在工具主界面"位置记录"中,而所拍摄的相片会保存在手机相册的"site"文件夹中。

精确坐标:点击 ⑦ 提示经纬度格式,点击 ● 表示重新定位当前坐标。点击 ▽更多 弹出,用户可以填写备注信息,可以修改校准卫星数量和精度。

图 7-7　位置保存

7.1.4　定位与导航

(1)对记录点进行导航:进入"位置记录",点击"查看地图",之前所有位置记录点都会出现在地图上,点击任意一个记录点会弹出窗口,选择开始导航,可选择百度地图手机导航或网页导航,此功能需要手机流量支持。

(2)手动添加:点击手动添加后,可输入目标经纬度,保存后生成一个位置记录点,按照上述方式便可自动进行导航。

(3)批量数据导入:对于一天需要跑多个站点的人员可考虑使用此功能,但需要注意必须先手动添加一个位置记录点,然后导出,将导出的数据保存为txt 文件,然后保存至电脑,再在电脑中按此格式进行批量操作后导入手机中,注意不要修改其原文件格式。

以上方法能满足野外踏勘的基本需要,如有其他问题可以现场向指导教师请教。

GPS 工具箱还有很多其他功能,如指南针、测速仪,学生可以自行研究。

7.1.5　采集数据导出

数据导出步骤:点击 本地存储 ,勾选 ☑ 需要导出的文件,点击 ☑ 导出 弹出图

7-8 中左图所示界面,点击 开始导出 即可导出,默认保存路径为 SD 卡 /GPSToolBox 目录下。数据导出成功后,图 7-8 中右图所示界面会提示导出成功。

图 7-8　数据导出

目前支持的导出类型:① KML 格式;② KML 格式(含照片),图片将复制到与文件名同名的文件夹下;③ KMZ 照片,包含在压缩包内导出,兼容 zip,可以解压缩;④ GPX 格式;⑤ CSV 表格(可以使用 Excel 打开);⑥ CSV 表格(含照片),图片将复制到与文件名同名的文件夹下;⑦ Excel 表格。

注意:CSV 仅支持导出点位,无法导出线路、面积。GPX 仅支持导出点位、线路,无法导出面积。

温馨提示:受手机处理器的计算性能和手机闪存的读写性能差异,不同手机的导出速度存在差异,数据量越大,导出速度越慢。在导出数据期间,请不要操作手机。

7.2　ArcGIS 软件入门

7.2.1　ArcGIS 软件安装

ArcGIS 10.2 是运行比较稳定的版本,学生在填图实习过程中推荐使用企业正版 10.2 版本。ArcGIS 软件的安装是一个比较复杂的过程,安装步骤出错将导致软件不可用,甚至后来的正确安装也会受影响,因此介绍必要的安装步骤是保证软件可用的基石,安装步骤如下。

1. 安装执照管理器（License manager）

打开"LicenseManager"文件夹,找到"setup"（图 7-9）,双击图标,进入图 7-10 所示界面,点击"Next",选择"I accept the license agreement",进入"Next"。

图 7-9　打开执照管理器界面

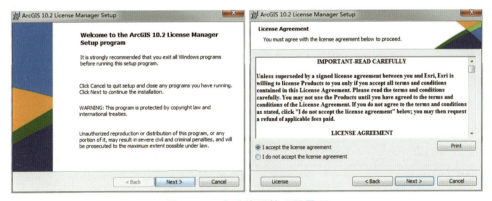

图 7-10　安装执照管理器界面

选择安装目录（图 7-11）,如果电脑 C 盘容量不够大,可以将执照管理器选择安装在 D 盘,但要求执照管理器和后面安装的 Desktop 系统在同一目录下,此处容易出错,应引起特别注意。

安装结束后,会弹出执照管理器完成界面（图 7-12）,点击"Stop"。

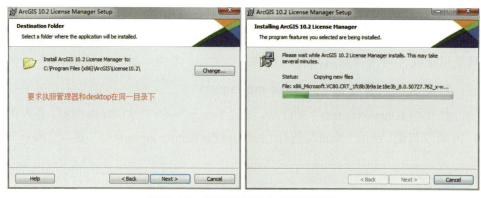

图 7-11　执照管理器安装目录界面

图 7-12　执照管理器安装完成界面

2. 安装 Desktop

进入"ArcGIS10.2_DesktopCN"文件夹，点击"setup"（图 7-13）。

图 7-13　安装 Desktop 初始界面

进入"Select Installation Type",选择"Complete",点击"Next",进入"Change Current Destination Folder"(图 7-14),选择安装目录后点击"Ok"。注意此处安装目录要与执照管理器安装在同一目录下。目录选择好后点击"Next",此时弹出"Python Destination Folder"(图 7-15)。这是 Python 开发语言包,可以安装到其他盘。选择安装目录,然后点击"Next",等待安装完成。

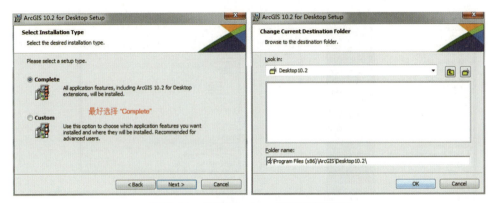

图 7-14　安装 Desktop 类型选择界面

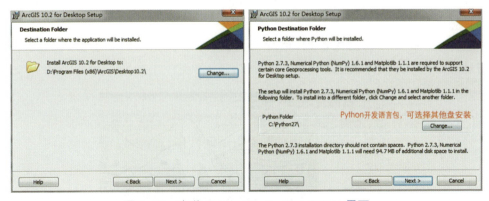

图 7-15　安装 Python Destination Folder 界面

正版安装完成后即可使用。

7.2.2　ArcGIS 软件使用入门

1. 打开 ArcMap 软件

点击主程序中的"ArcMap"图标启动软件(图 7-16),也可从桌面快捷方式双击"ArcGIS 10.2"图标进行启动。

启动 ArcMap 应用程序后,显示图 7-17 所示对话框。当选择"A new empty map"选项时,是创建一幅新的空白地图;当选择"A template"选项时,是应用地图模板创建新地图;当选择"An exsiting map"选项并选择"Parcels.mxd"选项时,是通过 ArcMap 打开 Parcels 地图文档。第一次使用选择"New Maps"下的"My Templates"选项。

图 7-16　ArcMap 启动按钮

图 7-17　ArcMap 启动后的界面

2. ArcMap 窗体组成

ArcMap 窗体由主菜单栏、标准工具栏、内容表和地图显示窗口组成(图 7-18)。

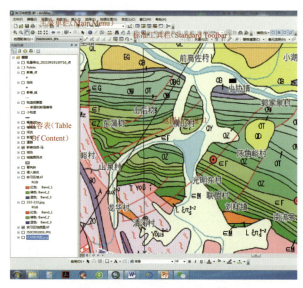

图 7-18　ArcMap 窗体组成

此时可以点击 ArcMap 标准工具条 上的左起第 2 个按钮打开一个已经存在的空间文件，也可以使用主菜单栏上的"+"号打开一个文件或者一张地图。

3. ArcMap 基本操作

首先，创建一张空地图：① 启动 ArcMap，选择"创建空地图"；② 在 ArcMap 标准工具条上单击"New"按钮。

其次，为新地图添加数据：① 在标准工具条 上点击左起第 3 个按钮，启动 ArcCatalog；② 在 ArcCatalog 中查找到目标数据；③ 把数据从 ArcCatalog 中直接拖放到 ArcMap 中，也可以点击标准工具条 上的"+"号，找到文件夹中后缀名为".shp"的文件进行添加。

如何没有现存的文件，则需要进行文件创建，启动 ArcCatalog。ArcCatalog 是 ArcGIS DeskTop 中最常用的三个应用程序之一，其也被称为地理数据的资源管理器。它用来管理空间数据存储和数据库设计，进行元数据的记录、预览和管理。ArcCatalog 应用模块可以帮助使用者组织和管理其所有的 GIS 信息。在 ArcCatalog 的默认目录下点击右键，出现图 7-19 所示的界面，点击"Shapefile（S）"，进入创建文件选项。如果想创建的要素类型为折线，则点击要素类型的下拉菜单选择"折线"，也可选择"点和面"。此时还需要给要素赋予一个坐标系，点击图 7-19 右图界面中的"编辑"按钮，出现图 7-20 界面，可以从收藏夹中选择作图的坐标系，也可以导入已有底图的坐标系，还可以自己创建新坐标系。这些步骤都需要点击工具条 中第 3 个按钮的下拉菜单进行操作。选择好坐标系之后点击"确定"，新建立的文件名将出现在 ArcCatalog 目录中，将其拉入 ArcMap 窗体左侧的内容表中，新文件加载就完成了。

选中 ArcMap 窗体左侧内容表中的新文件，点击右键（图 7-21），进入编辑状态，这时就可以对文件进行编辑处理了。编辑时需要注意面图层只能画面，线图层只能画线，点图层只能画点。ArcGIS 平台的这个特点非常便于后面用到的地图符号化，所谓地图符号化是指根据数据的属性特征、地图的用途、制图比例尺等因素来确定地图要素的表示方法。地图符号化由文件中表的内容来确定。ArcMap 中表的操作步骤如下。

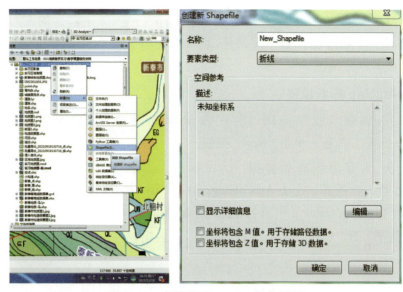

图 7-19　创建新 Shapefile 文件界面

图 7-20　坐标系选择界面

图 7-21　进入文件编辑状态界面

　　首先,选中需要进行表属性编辑的文件,点击右键,出现图 7-22 左图所示界面,点击打开属性表。

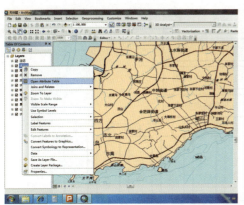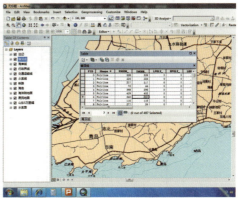

图 7-22　表编辑界面

其次,点击表左上角下拉菜单,可以点击"Add Field"创建表的内容,如创建地层名称、地层代号、岩性描述、X 坐标、Y 坐标、产状、地层间接触关系、记录人、组员、调查时间。属性表也可以在 ArcCatalog 中选中要编辑的文件点击右键进行创建。

4. ArcMap 图件输出

ArcMap 系统不仅为用户编制地图提供了非常丰富的功能和途径,而且从实际应用出发,将常用的地图输出样式制作成地图模板(Map Template),可以直接调用,减少了很多常规的设置。用户利用这些模板可以进行快速制图,以地图模板新建地图,只需要执行添加数据、修改标题等操作,即可完成地图的新建。因此,用户利用这些模板能够制作出高质量的地图并将地图应用于Web、打印和各种 GIS 应用。当然,用户也可以根据工作需要定制自己的地图模板。

7.3　数字地图填图方法

有了现代化的定位工具和作图软件,野外踏勘是必不可少的重要环节。野外踏勘必须有工作底图,需要提前制作。制作数字底图的方法有两种:一是对现收集的底图进行扫描和配准,二是下载公开发行的卫星高程数据和影像图后直接制作。基于 ArcGIS 的数字地质填图技术流程如图 7-23 所示。

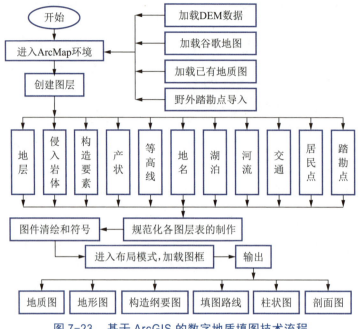

图 7-23　基于 ArcGIS 的数字地质填图技术流程

7.3.1　纸质地形地质图的扫描

作为填图底图矢量化前的重要步骤,地形地质底图的扫描尤为重要(杨星辰等,2017)。底图的扫描环节具体分为地质底图的预处理和扫描仪选择。

地质底图原稿留存的好坏对扫描图像的质量具有直接性影响,获取高质量图像的前提就是对底图进行扫描前的预处理,保证地质底图的高质量。在扫描前使用橡皮、干抹布等工具将地图上的污渍尽量去除,纸质底图上不要有破损,如有破损需要对纸质底图进行修补。对于不完整、不清晰的地质图面部分应当进行清绘处理。

在扫描仪的选择上应当重视底图矢量化的精度需求,选择精度和扫描分辨率合适的扫描仪。扫描底图的过程中要确保图纸摊平,以提高扫描效率以及扫描出的底图的质量。

7.3.2　地质图的配准

在扫描步骤之后、矢量化之前进行地理配准。作为地质图矢量化前的重要步骤,地质图的地理配准实质上是在特定的坐标环境下,选取图面上的控制点以及地理坐标,运用 GIS 平台将地质图还原到真实的地理位置的过程。

打开 ArcMap,点击 ArcMap 标准工具条上的"+"号加载工作底图。此时需要给底图添加坐标系统。右键点击 ArcMap 窗体左侧内容表上的图层,出现图 7-24 中左图所示界面,点击"属性",出现图 7-24 中右图所示的坐标系统选择对话框,选择与底图相对应的坐标系统。目前,GPS 工具箱使用的坐标系统为 CGCS2000 坐标系(默认),也可在 GPS 工具箱将坐标系统设置为 Xian80 或者 Beijing54 坐标系统。为了踏勘时使用方便,如果底图坐标系统为 Xian80 或者 Beijing54 坐标系统,需要查找或者计算坐标转换参数进行坐标转换。计算不同系统坐标转换参数时需利用指导教师给定的软件进行。

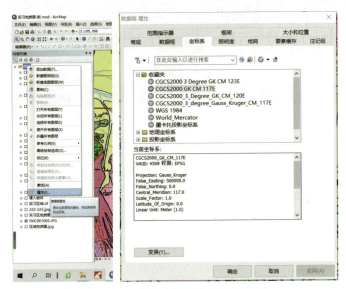

图 7-24　底图坐标系统的选择界面

坐标系统选择好后,进入 ArcMap 绘图区进行地理配准,配准首先要对纸质地质图进行控制点的选取。为了保证地理配准的精度,控制点往往选择图纸上显著的地物点位或者网格交点或者拐点比较明显的位置。控制点一般不少于 4 个,并且应当尽量均匀地分布于图幅四周。

在 ArcMap 中,控制点采用鼠标进行手动选取。图 7-25 中采用的控制点为纸质地质图上经纬度交叉的点位,即网格交点。控制点均匀分布在图幅四周,有利于增加配准的精度。

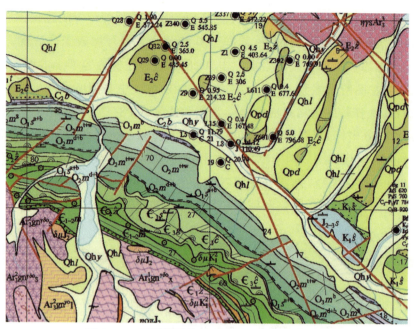

图 7-25　踏勘前收集的 1∶25 万实习区地质图

ArcGIS 不能直接接受经纬度坐标度分秒的输入,需要提前将点位的经纬度坐标进行十进制转换,不可以使用度分秒格式。十进制转换公式为 $f(x)$=LEFT(x, FIND("°", x)−1)+MID(x, FIND("°", x)+1, FIND("′", x)−FIND("°", x)−1)/60+MID (x, FIND ("′", x) +1, FIND ("″", x) − FIND ("′", x)−1)/3600。x 为需要转换的数据。将 x 数值代入其中可以获得十进制转换后的经纬度坐标。对于新泰地质底图,运用该方法选取了如下 6 个控制点(图 7-26)。

117° 37′ 0″	35° 52′ 0″	117.6166667	35.8666667
117° 38′ 0″	35° 52′ 0″	117.6333333	35.8666667
117° 39′ 0″	35° 52′ 0″	117.6500000	35.8666667
117° 37′ 0″	35° 51′ 0″	117.6166667	35.8500000
117° 38′ 0″	35° 51′ 0″	117.6333333	35.8500000
117° 39′ 0″	35° 51′ 0″	117.6500000	35.8500000

图 7-26　配准使用的控制点坐标

鼠标移到工具菜单 地理配准(G) ▾ I50C001003. JPG ▾ 上,点击"地理配准",选择 添加控制点,单击底图左上角经纬度交叉点,添加控制点的位置,点位显示出数字"1",即添加上,为第一个控制点。此时点击鼠标右键,选择"输入 X 和 Y"(注:下方的"输入经度和纬度的 DMS"无法启用,系此时底图未进行坐标投影,投影之后可以直接打开输入),输入十进制的经纬度坐标,X 输入经度,Y 输入纬度,点击确定。为了进一步增加配准的精确度,可以在选择控制点的时候放大底图,以对控制点进行更精确的选择。完成第一点后,依次点击后面的配准点,至所有配准点完成,点击工具条 地理配准(G) · I50C001003.JPG 上的"地图配准"下拉菜单,点击"更新地图配准",完成配准任务。

　　配准有可以简化的步骤,即通过 X 和 Y 坐标的输入,将控制点坐标直接导入 ArcMap 中(图 7-27),然后导入底图,通过工具条上"地理配准"以及 "缩放至图层"命令,快速将底图上的控制点同实际的经纬度坐标相对应,达到快速配准的目的。

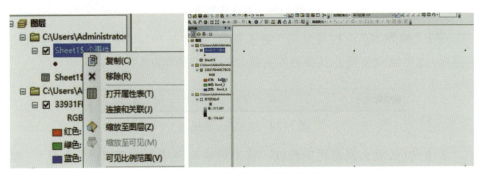

图 7-27　导入控制点的快速配准方法

　　该配准方法不用再次手动输入经纬度坐标。完成后点击工具条上"地图配准"下拉菜单,点击"更新地图配准",完成任务。更新后再次点击"全图",获取配准后的地质图。配准完成后,可以对地质底图(地形图)和地质图分别进行矢量化。

7.3.3　地质图的矢量化

　　矢量化是将栅格数据处理成矢量数据的过程,即将经过扫描后的图件中重要的点位、地层界限通过 GIS 平台描绘成矢量点位、矢量线、矢量面的过程。

　　矢量化顺序为先矢量化等高线,其次矢量化水系、断层、地层界限等线要素,然后矢量化城镇、岩层产状等点要素,最后矢量化地层、水域等面要素。新泰实习的矢量化为地质底图的等高线、水系、村庄的矢量化以及纸质地质图上的地层地质图的面要素矢量化。

常用的矢量化方法分为两种,即全手动矢量化和交互式矢量化。

1. 全手动矢量化

全手动矢量化的过程以地质底图的等高线为例进行步骤分析。

点击"添加数据"将需要矢量化的地质底图添加至 ArcGIS 中(图 7-28)。在目录文件夹"矢量化结果"中点击右键,选择"新建",然后选择"Shapefile",文件命名为"矢量化等高线"。地质底图的要素类型选择"折线",选择合适的空间参考坐标系。点击"确定",此时"图层"中加载进来新建的 Shapefile 折线文件。

图 7-28　快速添加数据

点击"编辑器"一栏最后的"创建要素"(图 7-29),右栏弹出创建要素的对话框,选中刚刚新建并且命名的折线,"构造工具"选择"线"。

图 7-29　ArcMap 编辑器

滚动鼠标,放大到合适的程度。首先对地质底图的等高线进行矢量化,顺应边界通过手动点击进行矢量化。点位越多,转折越柔和,矢量化的精确度越高。等高线矢量化完成后,点击"编辑器",选择"保存编辑内容",继续进行矢量化。因为手动矢量化工作相对而言比较繁琐,矢量化完成一条线后及时保存编辑内容能够尽量减少软件意外崩溃导致的工作进度丢失问题。矢量化完成当前等高线后,点击"编辑器",选择"停止编辑",完成对当前等高线的矢量化任务。

在矢量化等高线时,一条等高线使用一个折线要素,一一按照上方步骤进行"Shapefile"文件的新建、命名以及矢量化。图 7-30 为已完成的实习区等高线图层。

矢量化完成后应当对等高线进行属性赋值。属性表的赋值增加需要在"编辑"的状态下进行。点击"编辑器"的"开始编辑"进入"编辑"状态。右键点击矢量化的等高线图层,选择属性表(图 7-31),即可对高程赋值。赋值完成并且确认无误后,将等高线合并到一个图层上。

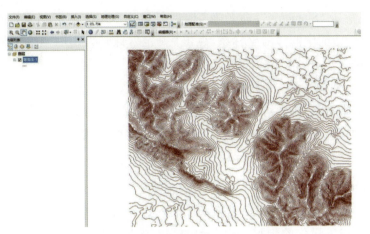

图 7-30　矢量化完成的实习区等高线

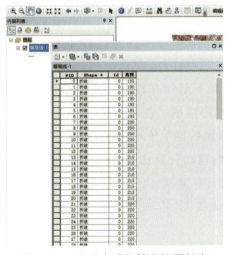

图 7-31　处理完成的等高线属性表

　　河流以及村庄的矢量化同理，都为新建"Shapefile"文件，在各自的图层上进行矢量化。实习区等高线、道路、河流等设定为线要素，村庄、城镇、地层等设定为面要素。

　　矢量化地质底图的过程中应当注意矢量化的顺序以及对"Shapefile"文件命名的规范性，以保证矢量化的效率，减少人为失误。

　　地质草图的矢量化同地质底图的矢量化原理相同，将地质草图扫描配准完成后，以创建的地层"Shapefile"文件为面，断层为线。将需要添加的数据在ArcGIS 中通过"添加数据"加入其中，于右侧目录中"矢量化结果"的文件夹点击右键,新建"Shapefile",命名为"地层矢量化",地质底图的要素类型选择"面",选择合适的空间参考坐标系,点击"确定",此时"图层"中新的面要素文件加载完成。

选择"编辑器"的"开始编辑"后,在"创建要素"中选择该面图层,并选中"面"的"构造工具",对地层进行面的矢量化。在矢量化过程中,同样多次"保存编辑内容"以防止意外。全部完成后点击"停止编辑"并保存工作内容。除了等高线以外的矢量化图层都不用对高程进行赋值。

2. 交互式矢量化

交互式矢量化系线要素快速矢量化的内容补充,了解交互式矢量化有利于学生快速完成矢量化的步骤。半自动的交互式矢量化的运用可以大幅度提高复杂地质图矢量化的效率。其原理是 GIS 平台通过追踪底图中的栅格像元达到自动矢量化的目的。但相对复杂、系统难以识别的局部区域采用手动矢量化的办法进行过渡。该方法综合了 GIS 平台自动矢量化的高效率以及局部区域人工矢量化的精确性和可变性。

自动矢量化本身对于图件有较高要求。一般扫描的栅格图像由 Band1、Band2、Band3 共 3 个波段组成。在 ArcGIS 中,只需要其中一个波段即可。将3 个波段一起通过"添加数据"导入 ArcGIS 中,选择相对而言最清晰、最方便矢量化的波段图层作为自动矢量化的底图。对选中的单波段数据进行二值化处理,即将底图处理成只有黑、白色的二值图。具体操作步骤如下。

添加数据时双击原底图,将底图"Band_1""Band_2""Band_3"三个图层全部添加至其中。

放大各个图层,寻找等高线和底图区分最明显、最清晰的图层作为矢量化的目标。在图层上单击右键选择"移除",将另外两个非矢量化的图层删除。

在"目录"中选择"矢量化结果",单击右键新建"Shapefile"文件,命名为"等高线自动矢量化",在"要素类型"中选择"折线",选择合适的空间参考坐标系,点击"确定"将其加载入图层。

在正式矢量化前需要对该图层进行重分类(二值化)。在图层上单击右键,选择"属性",在"符号系统"中选择"已分类",跳出窗口"分类渲染器要求数据具有直方图,是否计算直方图",点击"是",选择"分类",将"类别"改成"2",点击"确定",再点击"应用"。通过调节直方图可以使底图更适合于快速矢量化(调节底图线的粗细)。

在空白部分单击右键,选择"ArcScan",将该工具加载进来。

点击"编辑器"选择"开始编辑",此时"ArcScan"工具可以使用(如果图层没有进行二值化,则无法正式启用"ArcScan")。点击"编辑器"一栏的"创建要素",选中"等高线自动矢量化",在"构造工具"中选择"线"。选中"ArcScan"一栏的"矢量化追踪工具"。

在图层需要矢量化的线的位置左键单击出点位 1,再沿着需要矢量化的方向再次左键单击出点位 2,此时 GIS 平台会自动将点位 1、2 中间的要素矢量化,多次单击可进行快速矢量化。

双击一个点位可以暂停自动矢量化的过程。通过多次点击"保存编辑内容"以保证工作进度。

对于不连续的栅格或者底图不清晰的区域,自动矢量化无法达成目的。按住键盘"S"键,暂停自动矢量化,开启手动矢量化的过程。手动矢量化完成后,点击"编辑器"中的"停止编辑",再点击"保存编辑内容"。对属性表进行高程赋值,等高线矢量化完成。

3. 矢量化技巧

在底图二值化之后可以运用"ArcScan"工具对线要素进行快速矢量化。而面要素的全手动矢量化工作量较大。选择"编辑器"中的"追踪"工具可以帮助面与面边缘的紧密贴合。然而"追踪"工具本身因为显示问题,可能会导致追踪错误,面与面之间即使使用了追踪工具也不贴合。此时可以利用"分析工具"中"叠加分析""相交"和"擦除"功能快速对面进行矢量化(图 7-32)。该技巧适用于紧密贴合的面,如地层。

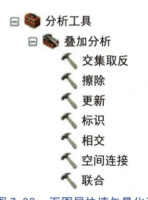

图 7-32　面图层快速矢量化工具

具体操作:通过"编辑器"面要素的手动绘制,将面边界 A 进行描边矢量化,再打开其贴合的面图层 B,此时 A 与 B 的紧密贴合边界不需要仔细描边矢量化或者使用矢量化追踪工具,而是直接将点穿插到 A 中,使得 A 与 B 的紧密贴合边界多余出 A 与 B 的相交面。

此时运用"分析工具""叠加分析""相交",将 A 与 B 的相交面单独作为一个新的面图层 C。

选中"擦除"工具,若要擦除 B 中的 C 部分,则"输入要素"选择 B,"擦除要素"选择 C,"输出要素类"即为所需要的与 A 紧密贴合边界的 D(图 7-33)。该矢量化技巧是正常面图层"编辑""追踪"工具异常的处理方式。在运用该方法的时候切记标注明确,数据导出到指定的文件夹,将不需要的 C 部分及时"移除"图层,减少人为失误。

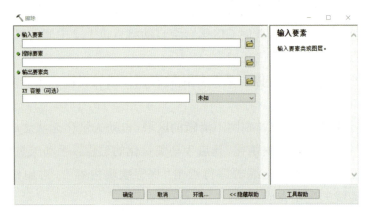

图 7-33 "擦除"工具面板

地质草图面图层矢量化结果如图 7-34 所示。

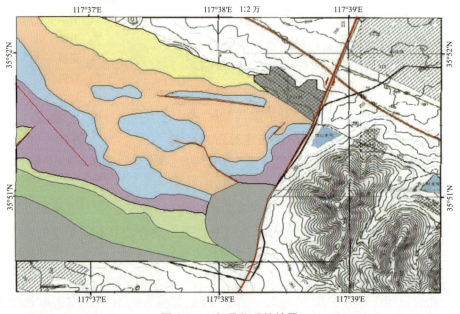

图 7-34 矢量化后的地层

7.3.4　野外测量数据导入矢量化

传统的地质实习在 GIS 平台进行矢量化过程之前需要于纸质地质图上投点位,分析各个点位的产状信息,绘制纸质草图,以分析获取地层信息。受人为因素影响,传统的地质实习绘制地质草图的方式必然会有人为的误差。

ArcGIS 中可以通过导入经纬度坐标直接在设置好坐标系的矢量化地质底图上完成投点,并且这种投点方式可以快速浏览各个点位的产状、岩性等信息。具体操作步骤如下。

(1)利用 GPS 工具箱记录野外工作的所有站位信息,将野外采集的信息以表格格式(.xls)导出后先进行信息预处理,然后在 ArcMap 中进行投点;或者以 .kml 格式导出直接用 ArcMap 打开(图 7-35),不再对点位信息进行预处理等步骤。

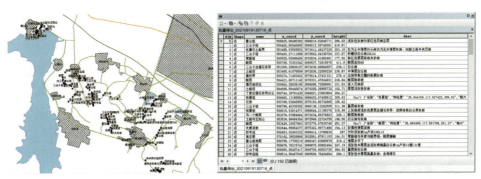

图 7-35　野外踏勘调查站位信息和记录信息

(2)分析地层,将地层信息进行预处理,同一个地层以一个数字表示,如三山子组的各个控制点信息最后用“1”进行标注。该步骤方便之后的点位转线,ArcGIS 平台可以根据标注封闭同一数字标注的点。同时,给予十进制的经纬度以及地层信息、数字标注、字段标注。

点位的加入。点击添加数据,选中“sheet1$”将表格数据点添加到 ArcGIS 中。在图层上单击右键,点击“显示 XY 数据”,在“X 字段”选中十进制经度的字段标注,在“Y 字段”选中十进制纬度的字段标注。在“输入坐标系”选择合适的地理坐标,点击“确定”,点位导入成功。

在图层上单击右键,选择“数据”中的“导出数据”,在“输出要素”选择事先建立好的文件夹。此时点位已经通过导出数据成功变成 Shapefile 格式的文件并且保存至目标文件夹,故不再需要该地图工作中的原始点位信息。新建空白地图,不用保存改动,将已经变成 Shapefile 格式的点位信息文件通过"添加数据"添加到图层中。

点转线,线转面。点击"工具箱",选择"数据管理工具",选择"要素""点集转线",在"输入要素"选择 Shapefile 格式的点集,在"输出要素"选择存储处理结果的目标文件夹。在"线字段"选择对地层排序的字段标注,根据情况选择"排序字段"。点击"确定",则线图层建立完成。点击"工具箱",选择"数据管理工具",选择"要素""要素转面",将线图层作为"输入要素",输出到目标文件夹,点击"确定",此时面图层转换完成。

7.3.5　地质图件图层设计

地质图件是区域地质调查工作的基础,也是区域地质调查成果的反映。一张地质图的丰富程度,在一定程度上反映了这个地区的研究水平。在地质填图过程中,野外地质调查和地质图件的编辑必须遵循《区域地质调查总则》和有关规范,进行扎实的野外地质工作和综合研究,才能应用 GIS 系统建立丰富可靠的地质图库,达到数据采集、存储、查询、分析和共享的目的。地质图件的编辑包括图层划分、图层命名、属性文件格式选择以及工作流程图、地质图、地理底图、矿产图等图件的编辑。

7.3.5.1　图层划分

GIS 系统是以图层来组织地图的,所以图层是组成各类图件的基础。利用 GIS 编辑一幅地质图,需要把地质图划分成若干个图层,以便于存储、分析和管理。图层划分应遵循一定的规律和原则。

1.图层划分原则

图层的划分关系到图库的编辑及使用效果,鉴于目前我国计算机技术在区域地质调查工作中的应用尚处于试点阶段,图层划分还没有明确的规范要求,因此,在近年来的工作基础上,总结出图层划分应遵循下列原则。

(1)尽量将点、线、面分别放入不同图层。点、线、面分属不同的图形实体,在具体图件中,其属性也多不相同,如果将它们放到一个图层,常会出现压盖之类的问题。所以分层时要尽量将点、线、面分别放在不同的图层。

（2）同一属性结构的空间信息尽量放在一个图层。在 ArcGIS 中，一个图层只能有一个属性表结构，要描述空间信息就要建立相应的表结构。例如，在地质体分布图层中，建立的属性结构若是填图单位名称、代号、地质体特征，那么这个结构就不适合描述断层的特征。如果把断层与地质体放在同一图层中，就会影响数据的存放，不利于后续的查询与分析。

（3）关系相近、特征相似且常常同时使用的实体应尽量放入一个图层。例如，可以将一幅地质图的地质体分布、图例和图切剖面放在一个图层，因为在展示地质图时经常要把这三部分同时显示出来，它们关系紧密而且特征相似，常把它们放在同一图层上。

（4）便于管理和编辑。利用 GIS 完成一幅地质图要存储和编辑大量的数据，当展示一幅地质图时，需要将许多图层组合在一起，如果图层划分的过细，必然会给图层管理带来许多麻烦，占用过多的计算机内存空间，也浪费时间；如果图层划分过粗，那么又会给编辑、数据存放和查询分析带来不便，假如把等高线与水系放入同一图层，若要统一改变等高线的颜色，那么其他图层的颜色必然随着改变，而且二者的属性文件格式也不一致，所以图层的划分不要过细也不要过粗，要便于管理和编辑。

（5）应尽量占满图幅范围，图面不留或少留空白区。这是指图面结构和图面负担，一个图层如果只在某一部分有图形实体，而其他地方空白，势必导致图形实体过简，既浪费内存，也增加了图层，给图层的组织与管理带来不便。

（6）图层应尽量保持数量最小。在完成图形编辑后要进行图组织与管理，所以在能达到目的前提下，要保持图层数量最小。

（7）图层划分要适应 GIS 软件功能的特点。不同的 GIS 软件功能差别大。例如，在 ArcGIS 中，一个图层只能有点、线、面中的一种实体，也就是必须把点、线、面分别放在不同的图层。

（8）实际需要。图层划分主要是根据地质教学实习工作过程中的实际需要，将各类图件的内容合理地划分成不同图层，以便于不同目的调用和综合分析。一幅地质图要表示地质体的分布、地质界线、断层、产状和代号等，可以将其单独放在一个图层中，其上还可以叠加地形、水系、居民地及交通等内容。地质工作的任务和要求不同，划分的图层也就相应地改变和调整。所以，图层划分要从实际出发，根据具体的任务要求和实际需要进行。

2. 图层划分方案

目前,许多研究项目都在尝试应用 GIS 系统来采集、存储、分析和管理各类数据。要存储不同的结构数据,就要建立相关的图层和属性结构。由于工作目的和任务要求不同,分别建立了不同的图层划分方案。就区域地质图件来说,地理部分的图层划分相对统一,主要分为水系、交通、居民地和地形 4 个图层,有些项目还有主控图层和境界图层;主控图层的内容是图幅的基本信息,境界图层是行政区之间的界线。部分地质图层划分的差别较大,主要体现在地质体的表示内容方面。

下面的图层划分方案是在 1:5 万地质填图试点的基础上建立的。该方案是根据图层划分原则和实际需要进行的,主要针对区域地质填图过程中各类数据的采集、存储、编辑和分析,在总体框架上借鉴了国内外 GIS 应用研究新成果,是将区域地质调查引向多学科综合分析研究的一次尝试,与目前国内的图层划分方案既有共同点,又有不同之处。在地理部分,增加了图框和方厘网图层;在地质部分,将地质体分布放在一个图层上,增加了图例、图例说明、成矿远景区划和基岩地质体分布图层,而把各种样品、钻孔和地质点等内容放在实际资料部分。这种划分不仅有利于对各类数据存储和分析,而且还能根据需要印制出各类图件。当然,这个划分还不够完善,有待于在今后的工作中补充和修改。

关于地质、地理和实际资料的图层内容说明如下。

(1)地质体分布图层:包括测区内所有地质体的分布范围及其界线、图例部分的矩形和图切剖面的区域,主要由区域和地质界线组成。区域可以表示不同地质体的颜色和花纹,界线可以表示不同地质体之间的关系。图例和图切剖面的区域部分常常与地质体分布图层一起使用,同时避免了其与线实体及文本的压盖,因此将它们放在同一图层。与该图层直接相连的还有地质体的属性。

(2)构造要素图层:包括测区内的断层和韧性变形带,可以利用不同样式和宽度的线型来表示不同性质的构造。与该图层相连的有构造要素属性。

(3)图例、符号和注记图层:包括图例的代号、文字说明以及每一个地质体的代号、产状等。

(4)图廓外整饰图层:包括图切剖面的线实体和图廓外的插图。

(5)交通图层:包括铁路和不同级别的公路。

(6)居民地分布图层:包括地质图需要的各类居民地及其名称。

（7）水系分布图层：包括海洋、湖泊、水库、河流和水渠等。

（8）图框及方厘网图层：包括标准图框和高斯投影的方厘网。

（9）地质点图层：包括所有的地质点，该图层是利用创建点的功能完成的。

（10）地质产状要素图层：包括各类地质产状，如地层、片麻理、片理、线理、节理和不同期次的褶皱轴面及韧性剪切带。

3. 图层的命名

每一图层都存放在一个文件中，一个文件必须有一个文件名。为了便于管理，文件名的命名要遵循一定的原则来进行编排。目前，较常用的有以下两种方法。

（1）直接用英文或其缩写命名。例如，断层用断层 .shp 表示，地质体分布用地层 .shp 或侵入岩体 .shp 表示，这种命名的好处是一目了然，不易混淆，查看时不用翻阅有关规定，省时省力，但不同图幅、图库的图层文件名容易重复，不利于统一管理。

（2）在新泰地质调查工作中，我们采用了图类代码、图层序号、1∶100 万图幅代码和 1∶5 万图幅序号进行文件命名。

1∶100 万图幅代码和 1∶5 万图幅序号用下列方法编排。1∶100 万图幅代码采用两个英文字母编排确定。根据我国领土面积，按照国际标准 1∶100 万分幅，其南北向共有 4 个百万幅，分别以 A～N 来表示，东西向横跨 11 个图幅，分别赋予 43 ～ 53 的数字编号。在 1∶100 万图幅的两个字母中，第一位代表南北向排列的图幅顺序，延用原 1∶100 万图幅的英文字母，第二位则为东西向排列的图幅顺序，自西向东分别以 A ～ J 代表。例如，河北省境内 1∶100 万北京幅为 JH，1∶100 万张家口幅 KH。1∶5 万图幅序号是指它所在的 1∶100 万幅中的序号，在一个 1∶100 万幅中有 576（24×24）个 1∶5 万幅，采用由左向右、由上而下的原则进行排序。

图类代码是图类名称第一个汉字拼音的首位字母，本次工作共划分出 5 个图类，即地质、地理、物化探、遥感和实际资料，分别以 D、L、W、Y 和 S 代表，因地质和地理图类首位字母重复，故采用第二个汉字的首位字母。图层代码是图层名称第一个汉字拼音的首位字母，注意不要重复，如果第一个汉字拼音的首位字母与已经命名的图层重复，采用第二个汉字拼音的首位字母。

这样，按照上面的排列顺序，将图类代码、图层代码、1∶100 万图幅代码和

1:5万图幅序号组合起来,就形成了一个完整的文件名。

7.3.5.2　地质图的表示内容与编辑

地质图是区域地质调查工作的基础图件,是表现一个地区地质体的组成、分布、时空关系、区域构造和地壳演化的综合性图件。根据图层划分原则,将地质图共分为 4 个图层,即地质体分布图层,构造要素图层,图例、产状与注记图层,图廓外整饰图层。

1.地质体分布图层

(1)表示内容。

地质体分布图层表示的图形实体全部为面实体,它表现了一个地区地质体的组成、分布与时空关系,主要由图中的各类地质体、图例中的面实体和图切剖面中的面实体三部分组成。不同的岩石填图单位分别用不同的颜色和花纹来表示,具体标准参照 1:5 万地质图色标和图式图例。

(2)编辑程序。

① 图心:首先必须使所有线条具有准确的位置和形状。在编辑过程中,可以将栅格图像作为底图,以保证地质界线的准确性,其工作过程就像从透图台上透绘一幅地质图一样,两者可相互对照;如果地质点的数据库已经建立,利用创建点功能可以创建地质点分布图层,比较不同地质点与地质界线的关系。这是使地质界线与野外实际材料图或地质清图保持一致的两种方法。其次是形成区域、编辑区域样式,以不同的颜色和花纹代表不同的岩石填图单位。

② 创建图例:图例中矩形面实体由矩形工具直接绘出,可以给定其大小和间距,并设制出与图心中地质体相对应的颜色和花纹。

③ 将矢量化后的图切剖面放在图心下部适当的位置,然后设定与图心中地质体相对应的颜色和花纹。

2.构造要素图层

构造图层主要反映一个地区的断裂、韧性剪切带、火山构造、沉积构造和某些特殊构造。图形实体包括线条、符号和有关注记。图层中分别用实线、断线加上产状及运动方向来表示不同性质的断层,用不同样式的线条来表示不同层次的韧性剪切带,对于火山构造、沉积构造和某些特殊的构造形态要分别以相应的线条和符号表示。

3. 图例、产状与注记图层

该图层主要是各种文本。

① 图例包括地质代号、图例说明和时代等,其中地质代号与图心部分的编辑方法相同,上下角标用小一号的字体表示,常由两部分组成,如崮山组 $\in_3 g$ 是由年代代号 $\in_3$ 和地层名称首字母 g 组成,如果组内还有分段,用上角标表示,则地质代号可以用三部分组成;希腊字母可选择文本样式中的 Symbol 字体,在键盘上输入。

② 产状可以用 Geobasemap 应用程序生成,也可以在符号样式中创建。

③ 地质代号与图例中编辑方法相同。

④ 其他注记还有资料来源和图幅负责人等。

4. 图廓外整饰图层

该图层是为了充分利用图廓外的空间展示有特色的地质资料,如地层格架、盆地演化、地质事件序列、某些重大发现及图切剖面的花纹和代号等。这些图件既可以在图面上直接绘制,也可以从其他矢量化的图件中复制和粘贴,编辑修改十分方便。如果编辑后改变位置,可利用整体移动功能对其尺寸和比例做适当调整。

5. 基岩地质体分布图层

基岩地质图是在野外填图的基础上,根据物化探解译、遥感解译和钻孔资料进一步编制的地质图,对第四系松散堆积物进行了揭露。基岩地质图反映了测区内所有基岩的分布、组成、时空关系和构造特征,为半覆盖区找矿提供了较好的基础地质资料。该图层主要是面实体,具体编辑程序与地质体分布图层类似。

7.3.5.3　简编地形图的表示内容与编辑

简编地形图是一幅地质图的重要组成部分,主要包括水系、交通、地形、居民地、图框及方厘网 5 个图层。简编地形图必须符合测绘学的要求和有关规定,计算精度准确,各种要素齐全。

1. 水系图层

水系图层反映了一个地区海洋、湖泊和河流特征。该图层包括面实体和线实体两种形式。面实体表示海洋、湖泊和水库,线实体则表示不同等级的河流、小溪和水渠。面实体颜色和线实体颜色都用淡蓝色,线条粗细可根据实际情况而定,水体上下游变化要符合绘图方面的规范要求。

2. 交通图层

交通图层反映了测区的道路交通。该图层只包括线实体一种形式,可以利用不同样式的线条代表不同级别的道路、桥梁,铁路用黑白相间的线条表示,主干公路用双线表示,简易公路用单线表示,乡间小路则用断线表示。颜色统一为钢灰色。

3. 地形图层

地形图层主要是简编后的地形等高线,要求简化合理,线条圆滑。该图层包括线实体和少量标注。用粗细两种不同的线条表示不同级别的等高线。线条颜色统一用浅棕色。

4. 居民地图层

居民地图层是测区内城镇和村庄的分布图层。该图层由线实体和村庄标注组成,因为居民地图层要叠加在地质体分布图层及其他图层之上,所以不能有面实体存在,否则就会覆盖其他图形实体。建筑物中的网纹必须以 45° 的斜线表示,街道要保持平行。每个村庄还应标注其名称,字体样式及大小按规定执行。

5. 图框及方厘网

图框及方厘网按图式图例规定制定。图框包括内图框、外图框、经纬度划分、有关标注和接图表等,其中内图框必须在误差允许的范围内,最好与理论尺寸相同。方厘网可以应用 Geobasemap 应用程序自动生成。该图层主要由线实体和少量标注组成,线条按图式图例规定执行,颜色统一为黑色。

7.3.5.4 主要图层属性文件格式及说明

属性输入是建立地质信息系统的重要环节,统一的属性文件格式是数据交换与共享的前提。因此,建立统一的属性文件格式是地质信息系统应用的重要内容。目前,许多学校、科研单位及地勘单位正在尝试使用不同的 GIS 软件建立地质信息系统,属性文件格式有较大的差别。自然资源部根据这一现状,正在组织制定我国的数字化地质图图层及属性文件格式标准,这对于今后数据交换和共享起到促进作用。

通过两年来的试点工作,我们初步总结出地质图主要图层的属性文件格式。这些格式是基于 ArcGIS 建立的,因此它的字段名可以直接使用汉字。每一属性表中还有一项代码,它是一种数字代码,便于数据的查询、检索、分析和共享。

1. 主要图层属性文件格式

(1)地质体分布及基岩地质体分布图层属性表。

① 岩石地层单位分为群、组、段、层四级。构造—地(岩)层单位中原岩为火山—沉积岩,经中浅变质作用,层状无序者分为岩群、岩组、岩段、岩层四级。原岩为侵入岩可分为片麻岩套、片麻岩两种。花岗岩类可分超单元、单元和独立侵入体。非正式地层单位可按实际填写。

② 代号 1:5 万填图接新方法和有关规定填写。

③ 主要岩性特征指构成岩石地层单位的主要岩性及其关系,以一种岩石类型为主,要填写 1～3 种岩石类型。

④ 结构指主要岩石类型的结构特征。

⑤ 构造指主要岩石类型的构造特征。

⑥ 主要矿物填写主要岩石的矿物组成,包括矿物名称及含量。

⑦ 年龄指该单位中获得的最大同位素年龄及测定方法。

⑧ 代码指地质代码,按下面的规定填写。

⑨ ID 是相当于身份证的一种号码,能标识每个图形实体的号码,在自动矢量化时可以自动生成。

⑩ 备注可以填写少量上述数据项中无法描述的内容(表 7-1)。

表 7-1　地质体分布及基岩地质体分布图层属性表

序号	字段名	数据类型及长度	填写内容
1	岩石单位名称	C20	填写组、段、单元及非正式岩石填图单位等,如孤峰组、栖霞组
2	代号	C10	地质图中的代号,如 P_1y
3	主要岩性特征	C80	主要岩石类型
4	结构	C30	主要岩石结构
5	构造	C40	主要岩石构造
6	主要矿物	C100	岩石的主要矿物成分

序号	字段名	数据类型及长度	填写内容
7	年龄	N12	同位素年龄
8	代码	N6	地质代码,如 18001
9	ID	N6	自动矢量化时可自动生成
10	备注	C20	补充某些地质特征及说明

（2）构造要素图层属性表。

① 主要填写断裂和韧性剪切带。

② 断裂可以按其几何分类和力学性质分类填写,可以分为正断层、逆断层和平移断层,也可以加上力学性质,如张性、压性或扭性。

③ 走向是指断层面的总体走向,应该与图面上标注的走向保持一致。

④ 倾向是指断层面的实际倾向,按野外测量结果填写。

⑤ 倾角是指断层面的总体倾角,与图面上标注的倾角吻合。

⑥ 代码反映了不同类型和性质的断层,是一种 5 位数字编码,按规定填写。

⑦ ID 是自动矢量化时生成的标识码。

⑧ 备注可以补充必要的内容(表 7-2)。

表 7-2　构造要素图层属性表

序号	字段名	数据类型及长度	填写说明
1	构造名称	C20	填写构造名称,如狮子口断裂、抚宁韧性剪切带
2	性质	C20	指明是正断层、逆断层还是走滑断层
3	走向	N5	指明断层面总体走向
4	倾向	N5	指明断层面总体倾向
5	倾角	N5	指明断层面总体倾角
6	代码	N6	不同断层用不同代码,如 11201
7	ID	N6	矢量化时可自动生成
8	备注	C30	其他特殊内容

（3）水系图层属性表。

① ID 是自动矢量化时生成的一种标识码,标明了图形实体的身份。

② 水系名称按标准名称填写,无名者可以不填写,如河流可填写为戴河、

洋河等,水库可填写为北庄河水库,小型水库和小溪可以不填写名称。

③ 类型可以分为海洋、湖泊、河流、小溪和水渠。对于湖泊和河流还可以进一步分级。

④ 代码是一种标明其类则和级别的数字编码。

(4)交通图层属性表。

① ID 是自动矢量化时生成的一种数字标识码。

② 道路名称可以按其标准名称填写,如北京—哈尔滨。乡镇和自然村之间的公路直接按村名填写。

③ 道路类型分为 5 种:铁路、高速公路、主干公路、简易公路和乡间小路。

④ 路面材料按实际情况填写,主要指水泥、柏油、砂石和泥土。

⑤ 代码标明了道路的类型。

(5)地形等高线图层属性表。

① 类型指图层中线实体或点实体的种类,包括等高线、陡崖、冲沟及高程点。

② 高程指每条地形等高线代表的海拔高程。

③ 代码是相同等高线具有的相同数字编码,按规定填写。

④ ID 是每一图形实体的数字号码。

(6)居民地分布图层属性表。

① ID 是每一居民地自身具有的数字号码,在自动矢量化时自动生成。

② 居民地名称填写居民地和各级政府驻地的标准汉字名称。

③ 居民地类型可分为城市、县城、乡镇和一般村庄。

④ 代码是相同类型居民地具有的同种数字编码,按有关规定填写。

2.地质代码

地质代码是一种数字代码,它是为了数据的查询、检察、分析和共享而编排的。目前,一些发达国家在开发和研究 GIS 的同时,也制定地质代码标准,如美国和澳大利亚。我们进行数字填图采用的地质分类与代码可参照《我国近海海洋综合调查要素分类代码和图式图例规程》中的海岛海岸带地质部分进行,分类代码由 10 位数字码组成,每位数字代表了不同的含义(图7-36)。

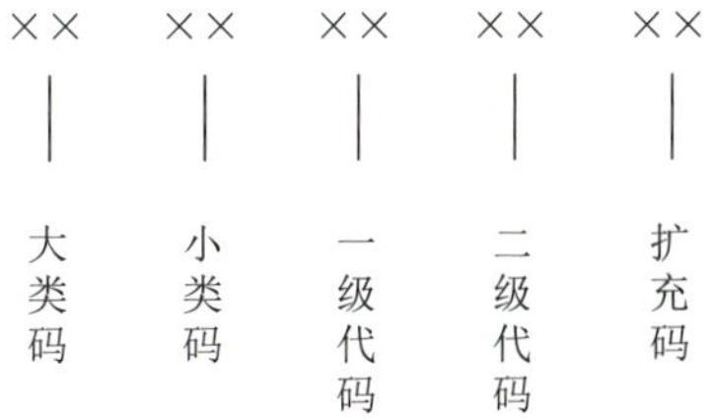

图 7-36　地质分类与代码含义

大类码、小类码、一级代码和二级代码分别用数字顺序排列。扩充码一般由用户自行定义，以便于扩充。其中，大类码的起始码从 10 开始，小类码、一级代码、二级代码和扩充码均从 01 开始。海岸带地质编码总原则如表 7-3 所示。

表 7-3　海岸带地质编码总原则

区域地质（1701000000）	年代地层、地质构造、岩石花纹、岩石名称与符号、矿产、地质观测与标本化石采集点等
水文地质（1302000000）	地下水类型及富水性、地下水水质、控制性水点、特殊地区特征符号、界线、地质构造要素等
工程地质（1703000000）	岩体类型、土体类型、特殊岩、外动力地质现象、主要工程建筑及环境工程地质问题、主要天然建筑材料、勘探点和试验点及剖面图例等
第四纪地质（1304000000）	第四纪沉积物成因类型等

注：由于区域地质中的岩石花纹和岩石名称与符号涉及内容非常多，这里不一一列出，详情参见《区域地质图图例》（1∶50 000）（GB 958—1989），用户可根据国标顺序依次编码。水文地质和工程地质中有关地质构造方面的图例参照区域地质相应要素的图例。工程地质中有关地震方面的图例参照地质灾害中相应要素的图例。外动力地质现象中部分要素与地貌重复，为保证编码的唯一性，不重复表示，可参照地貌中相应要素的图例。

例如，中上寒武统馒头组（$\in_{2-3}m$）代码为 1701010437，岩层产状代码为 1701010201，倒转岩层产状为 1701020203，制图时在 ArcGIS 系统中加入《我国近海海洋综合调查要素分类代码和图式图例规程》给定的图例与图示符号，作图过程中直接加载即可。

7.3.5　地质图件绘制

1.地形图的绘制

常用的高程、影像数据库可以通过美国国家宇航局网站和谷歌地球（Google Earth）数据库。Google Earth 是一款 Google 公司开发的虚拟地球仪软件，它把卫星照片、航空照相和 GIS 布置在一个地球的三维模型上，用户们可以利用客户端软件免费浏览全球各地的高清晰度卫星图片。随着卫星技术的发展，卫星图片的分辨率越来越高，局部分辨率可达 0.5 m。利用 91 卫图软件可以从 Google Earth 数据库下载全球的无偏移地形和影像数据（刘运锷和李莉，2016），该软件可以下载最高 18 级的 Google Earth 高程数据，分辨率约 9 m，可以下载最高 20 级的 Google Earth 影像数据，分辨率约 0.2 m，这能够满足制作实习地形图的要求。数据下载流程：打开 91 卫图软件—点击地图下载—框选区域—双击下载框—选择存储路径和文件—选择高程级别—点击确定。将下载的高程数据在 Global Mapper 软件中进行编辑输出等高线，可以直接加载到 ArcGIS 系统中，进行属性编辑和统一编码。

Google Earth 软件有着强大的地物、道路等信息提取功能，通过 91 卫图软件可下载工作区的高分辨率影像文件。将下载的数据处理为 ArcGIS 底图文件并提取交通信息步骤：首先打开下载 Geotiff 格式的数据文件，在工具菜单→设置→投影，设置调查区的投影参数（可按需要的比例尺调整影像的图形坐标）；然后输出菜单→输出光栅／图像格式，选择需要输出的范围；这样影像图可作为 ArcGIS 底图，根据底图可以描出工作区的居民区、公路、部分小路等，再进行属性表制作和统一编码。

待统一编码后，在需要输出的图层上点击右键选择"属性"，在类别中选择"与样式中的符号匹配"，然后点击"确定"，完成图形符号化。

一切处理工作结束后，点击工具条中的"布局"，加载图框、图例、图名、比例尺、图示方位、制作人、制作日期、制图参数等就可以输出成图了（图 7-37）。

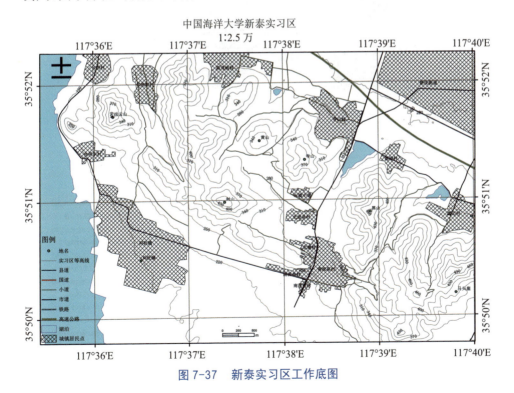

图 7-37　新泰实习区工作底图

7.3.6　实习填图区数字地质图的生成

经过上面的处理，我们获取了实习区矢量化等高线、地层、村庄、河流等。现将以上要素叠加至 ArcGIS 中成图。

选中需要的图层，右键点击等高线图层，选中"属性"。在"图层属性"中选择"符号系统"，类别选择"唯一值，多个字段"，"值字段"选中等高线图层的高程字段，点击"添加所有值"（图 7-38），这里可以对等高线的显示进行修改。本次作图为了图件的美观性，选中的等高线范围为 190 ～ 510 m，用蓝色字体显示，"其他所有值"选择白色（图 7-39）。

点击左键选择"布局视图"，点击"更改布局"以更改布局视图的样式。图 7-40 中选择的为"ISO A4 Landscape.mxd"。

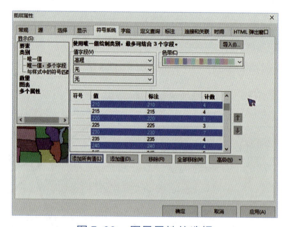

图 7-38　图层属性的选择

图 7-39　等高线显示的修改

图 7-40　布局视图的修改

点击图外框,右键点击"属性",点击"格网"选择"新建格网",建立经纬度格网。点击"插入",建立图例、比例尺以及标题。图件导出保存,制图完成。

思考题

（1）数字填图使用了哪些平台？各平台之间如何实现无缝衔接？

（2）简述数字填图的工作步骤。

（3）地质图件的整理和编制包括哪些内容？

附录　新泰地区统一地质图例

1. 堆积物

砾石	沙砾石	角砾	沙
黏土	腐殖土层	残积层	半风化层
基岩层			

2. 沉积岩

角砾岩	砂砾岩	砾岩	含砾砂岩
粗砂岩	细砂岩	粉砂岩	石英砂岩
长石砂岩	长石石英砂岩	复成分砂岩	海绿石砂岩
黏土粉砂质砂岩	泥质砂岩	钙质砂岩	铁质砂岩
砂质泥岩	页岩	砂质页岩	钙质页岩
碳质页岩	铁质页岩	铝质页岩	硅质页岩
黏土岩泥岩	灰岩	砂质灰岩	泥质灰岩
硅质灰岩	白云质灰岩	碳质灰岩	结晶灰岩
生物碎屑灰岩	含燧石结核灰岩	条带状灰岩	竹叶状灰岩
鲕状灰岩	泥灰岩	砂质泥灰岩	白云岩
泥质白云岩	硅质岩	煤层	

3. 岩浆岩

 橄榄岩　　 辉石橄榄岩　　 辉石岩　　 角闪石岩

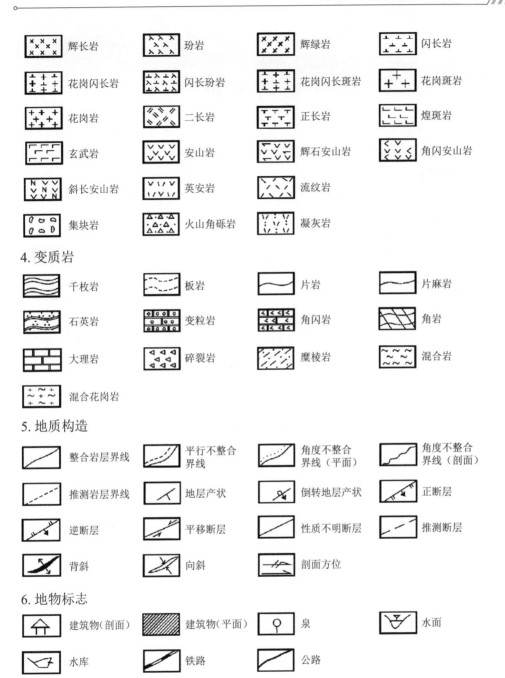

4. 变质岩

5. 地质构造

6. 地物标志

参考文献

[1] 曹国权. 鲁西山区早前寒武纪地壳演化再探讨 [J]. 山东国土资源, 1995, 2: 1-14.

[2] 陈世悦, 马玉新, 赵勇生. 新汶地区野外地质实习指导书 [M]. 东营: 中国石油大学出版社, 2002.

[3] 程裕淇. 山东太古代雁翎关变质火山-沉积岩 [M]. 北京: 地质出版社, 1982.

[4] 程裕淇, 沈其韩, 王泽九, 等. 山东新泰一带泰山群变质岩类和岩浆岩类岩石的地质年代学研究 [J]. 地质论评, 1964 (3): 198-209.

[5] 迟培星, 栾恒彦, 等. 山东省新生代岩石地层清理意见 [J]. 山东地质, 1994, 10 (6): 70-86.

[6] 董国臣, 郝国杰, 陈达, 等. 计算机辅助 15 万区域地质调查工作方法 [M]. 北京: 地质出版社, 1998.

[7] 杜圣贤, 张义江, 张俊波, 等. 山东莱芜黄羊山晚寒武世牙形石组合及寒武系与奥陶系界线的确定 [J]. 山东国土资源, 2009, 25 (5): 13-19.

[8] 范乐元, 吴嘉鹏, 刁宛, 等. 断陷湖盆浅水三角洲沉积特征: 以 Muglad 盆地 Unity 凹陷 Aradeiba 组为例 [J]. 地学前缘, 2021, 28 (1): 155-166.

[9] 耿科, 李洪奎, 梁太涛, 等. 鲁西陆块前寒武纪大地构造演化 [J]. 山东国土资源, 2014, 7: 1-8.

[10] 耿元生, 沈其韩, 任留东. 华北克拉通晚太古代末-古元古代初的岩浆事件及构造热体制 [J]. 岩石学报, 2010, 26 (7): 23.

[11] 关绍曾, 庞其清, 萧宗正. 鲁西南莱芜、蒙阴、平邑盆地早第三纪地层的划分和对比 [J]. 化工矿产地质, 1997, 19 (3): 13.

[12] 郭振一. 山东构造地质调查研究史略及主要学术观点 [J]. 山东国土资源, 1988 (2): 32-38.

[13] 何虎军, 赵亚宁, 杨兴科, 等. CAD 在数字地质填图中的应用 [J]. 测绘科学, 2010, 35 (6): 250-252.

[14] 李洪奎,杨永波,张作礼.山东大地构造主要阶段划分与成矿作用[J].
山东国土资源,2009,25(7):20-24.

[15] 李庆平,董仁国,李秀章,等.鲁西寒武系-下奥陶统层序地层研究新进
展[J].地层学杂志,2005,29(4):376-380.

[16] 李三忠,李安龙,范德江,等.安徽巢北地区的中生代构造变形及其大地
构造背景[J].地质学报,2009,83(2):208-217.

[17] 李三忠,王金铎,刘建忠,等.鲁西地块中生代构造格局及其形成背景
[J].地质学报,2005,79(4):487-497.

[18] 李守军.山东侏罗-白垩纪地层划分与对比[J].石油大学学报(自然科
学版),1998,22(1):4.

[19] 李守军,贺淼,杨犇,等.山东省中生代地层分区、划分与对比[J].地层
学杂志,2010,34(2):167-172.

[20] 刘岩.山东平邑中、新生代沉积盆地构造背景分析[J].辽宁师范大学学
报(自然科学版),1996,19(1):64-68.

[21] 刘运锷,李莉.Global Mapper和91卫图软件在地质调查前期工作中的组
合应用[J].矿产与地质,2016,30(6):1018-1023.

[22] 马在平,操应长,鄢继华.山东新泰—蒙阴地区地质实习指导书[M].东
营:中国石油大学出版社,2008.

[23] 曲日涛,杨景林,王启飞,等.鲁西南地区官庄群的地层对比及时代讨论
[J].地层学杂志,2006,30(4):356-366.

[24] 宋明春.山东省大地构造格局和地质构造演化[M].北京:地质出版社,
2009.

[25] 宋志勇,田京祥,王来明.山东省地质系列图件编制与综合研究—新一代
《山东省区域地质志》[J].科技成果管理与研究,2014(5):61-66.

[26] 孙云铸.中国北部寒武纪动物化石(第四册)[M].南京:农商部地质调
查所,1924.

[27] 谭锡畴.山东中生代及旧第三纪地层[J].地质汇报,1923,5(2):55-
79.

[28] 谭锡畴.山东淄川、博山煤田地质[J].地质汇报,1922(4):11-52.

[29] 王世进.鲁西地区前寒武纪侵入岩期次划分及基本特征[J].中国区域
地质,1991(4):298-307.

[30] 杨恩秀,张春池,宁振国,等. 山东石炭－二叠纪地层沉积环境分析 [J]. 山东国土资源, 2013, 12: 1-10.

[31] 杨星辰,叶培盛,蔡茂堂,等. 数字地质填图野外手图地理底图制作方法 [J]. 地质力学学报, 2017, 23 (3): 333-338.

[32] 杨钟健. 昌乐临朐新生代地质 [J]. 中国地质学会志, 1936, 15 (2): 16.

[33] 张剑,李三忠,李玺瑶,等. 鲁西地区燕山期构造变形: 古太平洋板块俯冲的构造响应 [J]. 地学前缘, 2017, 24 (4): 226-238.

[34] 张锡明,张岳桥,季玮. 山东鲁西地块断裂构造分布型式与中生代沉积—岩浆—构造演化序列 [J]. 地质力学学报, 2007, 13 (2): 163-172.

[35] 张增奇,程光锁,刘凤臣,等. 山东省地层侵入岩构造单元划分对比意见 [J]. 山东国土资源, 2014, 30 (3): 1-23.

[36] 张增奇,刘书才,杜圣贤,等. 山东省地层划分对比厘定意见 [J]. 山东国土资源, 2011, 27 (9): 1-9.

[37] 张增奇,张淑芳,宋志勇,等. 山东省寒武纪－早奥陶纪岩石地层清理意见 [J]. 山东地质, 1994 (S1): 28-39.

[38] 赵亚曾. 山东章丘煤田中之海成地层 [J]. 地质汇报, 1926, 8: 1-8.

[39] 郑德顺,李明龙,李守军. 鲁西南地区官庄群沉积特征与沉积环境分析 [J]. 沉积与特提斯地质, 2012, 32 (4): 1-7.